아이의 잠재력을 깨우는

♥ 엄마의 질문 수업 ♥

아이의 잠재력을 깨우는

엄마의
질문 수업

지혜롭게 묻고 답하는 스팟 코칭

주아영 지음

을유문화사

아이의 잠재력을 깨우는

♥ 엄마의 질문 수업 ♥

지혜롭게 묻고 답하는 스팟 코칭

발행일
2016년 4월 20일 초판 1쇄
2017년 9월 10일 초판 2쇄

지은이 | 주아영
펴낸이 | 정무영
펴낸곳 | (주)을유문화사

창립일 | 1945년 12월 1일
주 소 | 서울시 마포구 월드컵로16길 52-7
전 화 | 02-733-8153
팩 스 | 02-732-9154
홈페이지 | www.eulyoo.co.kr
ISBN 978-89-324-7333-8 03590

서문

비슷한 또래 자녀를 둔 두 명 이상의 엄마가 모인 대화의 중심에는 자녀가 있다. 아이의 사소한 습관부터 또래 시기의 변화나 엄마와의 갈등, 그들의 알 수 없는 행동들 그리고 학습과 진로, 진학까지. 짜릿한 공감대를 형성하며 수많은 정보들이 오간다. 그 안에서 이렇다 할 해답을 찾거나 또 별일 아닌 것에 예민했던 자신을 돌아보며 안심하기도 하고, 반대로 괜한 고민과 근심을 가지고 집으로 돌아오기도 한다. 그래서 아이들이 등원, 등교한 후 오전 시간 카페는 주말과 같이 붐빈다.

자녀를 키우는 데에는 요리처럼 레시피가 있거나, 1+1=2라는 딱 떨어지는 공식이 없다. 다양한 아이의 기질과 상황과 부모의 양육 방식이나 환경 등이 다르므로 해답도 다양하다.

아이는 말을 배우는 3~4세 때가 되면서 자기 고집이 세지고 어른

으로서 도저히 이해하지 못할 행동을 한다. 엄마의 눈치를 살피며 얄미운 행동을 하거나 때로는 자신이 원하는 것을 얻어 내려 비위를 맞추기도 하고 그것이 안 되면 난처한 행동도 서슴없이 한다. 엄마들은 청소하느라, 저녁 준비하느라, 둘째 아이 신경 쓰느라 모든 상황을 살피기 어렵다.

결국 헤아리지 못한 아이 마음과 놓친 상황은 뒤로한 채 드러난 문제 상황만 가지고 속상해한다. 수십 권의 육아서를 읽어도, 부모 교육이라면 발 벗고 뛰어다니는 엄마도 막상 결정적 상황에는 머리가 하얘진다.

아이의 문제 행동을 개선하고 변화시키는 가장 쉬운 방법은 뭘까? 허무 개그 같기도 하지만 아이에게 묻는 것이다. 아이의 행동을 살피고 입장을 이해하려 귀 기울이고 또 아이가 선택한 방법을 실천할 수 있게 격려하고 잘한 경우에는 긍정적 피드백으로, 개선이 필요하다면 발전적 피드백으로 방향을 안내한다. 그리고 서서히 올바른 모습으로 변화되기를 기다리고 지켜봐 주면 된다.

이것이 코칭이다. 그런데 엄마들은 여러 상황에서 자신이 옳은 정

답을 가지고 있다고 믿고 정답을 내놓으려고 한다. 하나부터 열까지 모든 것을 가르쳐 주어야 직성이 풀린다. 하지만 정답을 찾는 티칭(가르치는)에는 한계가 따른다. 그 한계의 순간이 엄마의 '화'가 폭발하는 순간이다.

코칭에는 한계가 없다. 엄마는 아이의 어떤 상황에도 당황하거나 걱정할 필요가 없다. 오히려 그 순간이 새로운 목표이고 코칭 대화의 이슈(주제)가 된다.

처음 '코칭맘 스쿨'이라는 엄마를 대상으로 한 교육 수업을 오픈했을 때, 엄마들에게 이런 말을 하면 '그게 가능할까요?'라고 하듯 고개를 갸우뚱했다. 나는 그때 좀 더 강한 어조로 확신에 찬 메시지를 전달했다. 그건 이 책에서도 마찬가지다. 그리고 코치로 활동하는 전 세계 수만 명의 코치들도 자신의 활동에 확신을 가지고 있다. 그 확신은 코칭 철학에서 비롯된다. 자녀에게 무한한 가능성이 있고 그들은 해답을 스스로 찾아낼 능력이 있으며, 엄마는 그저 자녀가 가는 길에 동반자가 되어 격려하고 지지해 주면 된다. 이것이 바로 코칭 철학이다.

　나도 이 책을 읽고 있는 엄마들과 같이 내 아이들을 그렇게 믿고 그 철학을 따르려 실천하고 있다. 물론 그 결과는 시간이 지나야 알 수 있겠지만 말이다.

　그렇다면 코칭을 통해 어떤 변화가 일어나는 걸까? 우선 자녀의 현 상태에서 원하는 상태로의 변화가 유연해진다. 또 긍정적 자아 발전으로 자존감 높으며 인성과 성품이 올바른 자녀로 성장할 수 있다. 그리고 성장 과정에서 일어나는 다양한 상황에서 가장 바른 것을 선택할 수 있는 현명함과 실패에도 주저앉지 않고 새롭게 도전할 수 있는 자신감은 성인이 되어서도 삶을 주체적으로 살아갈 수 있게 한다. 물론 이외에도 수없이 많은 변화를 기대해도 된다. 듣기만 해도 설레지 않은가?

　최근 '코칭'이 화두가 되면서 특정 지역 엄마들에게는 코칭 수업 바람이 불고 있다. 하지만 코칭은 생각보다 어렵다. 그러다 보니 시도는 좋았으나 이러다 할 효과 없이 원점으로 돌아오는 경우도 많다. 엄마가 코치로서 역할을 한다는 것은 긴 시간 수련을 하듯 엄마의 노력과 에너지가 절실히 필요하다. 또 코칭 프로세스를 가지고 대화를 할

수 있는 시점도 초등학교 고학년 이상이 되어야 가능하다. 그렇기 때문에 이 책은 모든 엄마들이 가볍게 시작할 수 있고 일상에서도 유용한 스팟 코칭(일상 대화에서 자연스럽게 코칭 대화법을 적용하는 방식)부터 다뤘다.

우리 자녀가 태어나 알 수 없는 옹알이를 시작하듯, 엄마도 코치로서 다시 태어나 질문하고 경청해야 한다. 또 아이가 뜨문뜨문 말을 배우기 시작하듯 코칭적 대화를 시도하려 애써야 한다. 이렇게 엄마와 아이가 함께 성장한다는 생각으로 이 책을 읽으면 된다. 훈련을 통한 스팟 코칭이 자연스러워질 때쯤 코칭 프로세스를 갖춘 코칭 대화를 시작한다면 더욱더 효과적일 것이다.

최근까지도 자녀 양육에 화두는 우리 아이 영재 만들기였다. 물론 지금도 그 흐름은 이어져 가고 있고 엄마들의 목표는 여전히 영재고, 특목고, 명문대 보내기이다. 산업화와 정보화 시대가 도래될 때까지는 똑똑한 인재가 대세였을지 모르나 쏟아지는 정보와 지식 공유의 시대인 지금은 똑똑함이 큰 메리트는 아니다. 사회는 점점 올바른 인성과 지혜로운 판단, 창의적인 사고를 가진 사람을 원하고 필요로 한

다. 이러한 것은 티칭을 통해서는 한계가 있다. 코칭을 통해서만이 우리가 지향하는 건강한 어른으로 성장할 수 있다.

우리 아이들의 바른 인성과 성품, 그리고 자기 주도적 삶과 행복감을 얻었으면 한다. 더 나아가 그들이 만드는 우리 사회가 웃을 수 있는 곳이 되었으면 하는 바람이다. 이것이 2년에 걸쳐 이 책을 집필한 이유이기도 하다.

이 책은 아이의 변화만을 말하지 않는다. 최종 목적은 자녀의 변화와 성장이겠지만 궁극적 목표는 엄마들의 변화를 우선한다. 엄마는 자녀를 위해 평생 매니저 역할을 해야 하는 부담에서 벗어나고, 자녀는 자신의 성패에 엄마의 희로애락이 결정된다는 부담에서 해방되기를 바란다. 자녀는 자녀의 삶에서, 엄마는 엄마의 삶에서 행복을 누렸으면 좋겠다.

차례

2단계 | 준비 단계 : 자녀 바로 이해하기
'티칭Teaching맘'에서 '코칭Coaching맘'으로

3단계 | 실습 단계 : 상황별 코칭 기법 활용
질문과 경청, 피드백으로 자녀를 코칭하기

4단계 | 완성 단계 : 지혜롭게 묻는 코칭맘 되기
이제 잔소리 대신 아이에게 질문을 던져라

수용 단계: 코칭맘 기본기 닦기

질문이 바뀌면 아이가 바뀐다

1

질문법이 다른 엄마,
코칭맘 이해하기

모든 아이들은 특별한 존재다

레오나르도 다빈치, 에디슨, 아인슈타인, 피카소, 월트 디즈니. 이들에게는 공통점이 있다. 모두 난독증이라 글을 읽지 못해 힘들어했다는 점이다. 하지만 그런 어려움에도 세상을 놀라게 한 사람들이다. 「지상의 별처럼」이라는 인도 영화에도 이런 난독증을 겪는 '이샨'이라는 아이가 나온다. 인도의 작은 마을, 여덟 살 귀여운 꼬마 이샨은 일반적인 기준에서 보자면 문제아다. 친구들과 싸우는 게 일상이고, 학교 수업에는 전혀 관심이 없다. 이샨이 문장을 읽으려고만 하면 글자들이 춤을 추고 숫자들이 서로 만나 3곱하기 9는 3이 되기도 한다. 부모는 아들을 문제아라고 생각하고 강압적으로 기숙사로 보내게 된다. 처음으로 가족과 떨어져 사는 외로움과 바닥까지 떨어진 자존감으로 살아가던 이샨은 한줄기 빛과 같은 니쿰브 선생님을 만난다. 니쿰브 선생님만이 모든 사람이 문제라고 손가락질하는 이샨의 놀라운 재능을 알아본다. 니쿰브 선생님은 이샨의 행동에 주목하고 관심을 가지고 지켜보기 시작한다. 노트를 유심히 보던 선생님은 이샨이 노력하지 않거나 집중력이 부족한 게 아니라 글을 인식하는 데 문제가 있다는 걸 알게 된다. 문제를 알게 된 선생님은 정답을 내놓으라고 윽박지르거나 재촉하지 않고 이샨이 잘할 수 있는 부분을 칭찬해 주고 조금 시간이 걸리더라도 기다려 주고 이해하며 촉각을 통한 학습과 사랑으로 이끌어 주기 시작한다. 그러면서 이샨이 미술적 재능을 마음껏 펼칠 수 있도록 코치가 되어 응원해 준다. 이 영화에서 특히 기억에 남는 장면은 니쿰브 선생님이 이샨의 부모를 찾아가 대화하는 부분이었다.

선생님: 이샨을 왜 먼 학교로 보내셨나요?

아버지: 다른 선택의 여지가 없었어요. 작년에 3학년에서 낙제를 했어요. 믿을 수 있겠어요? 3학년에서요. 어떤 발전 가능성도 없었어요. 큰애는 모든 수업에서 1등을 하고 있어요. 하지만 그 녀석은……

선생님: 아이의 문제가 뭐라고 생각하세요?

아버지: 문제요? 아이의 태도죠. 다른 뭐가 있겠어요? 공부도 그렇고 생활 모든 면에서 장난이 심하고, 순종적이지 않고 반항적이에요,

한마디도 안 들죠.

선생님: 저는 아이의 문제에 대해 묻고 있는데 아이의 증상에 대해 말씀하시고 계시네요. 당신은 지금 아이가 열이 나고 있다고 말하는 것과 같아요. 하지만 그 열에는 반드시 원인이 있어요. 그 원인이 뭐죠?

아버지: 좋아요, 그러면 선생님이 말씀해 보세요.

선생님: 아이의 실수에서 패턴을 발견하지 못하셨나요? 계속해서 반복하는 것들.

아버지: 패턴이라고요? 어떤 패턴이요? 그건 그냥 실수일 뿐이에요.

선생님: 그렇다면 아직 그 패턴을 인식하지 못하고 계시는군요. 제 견해로는 아이는 글자를 인식할 수 없는 문제를 갖고 있어요. 당신이 a-p-p-l-e를 읽을 때 사람들은 사과라는 이미지를 만들죠. 이샨은 아마 그 단어를 못 읽을 거예요. 그래서 그것을 이해할 수 없는 거죠. 글자의 소리를 읽고 쓰기 위해서는 그것들의 형태와 그 단어의 의미와 모든 것들을 이해해야 해요.

아버지: 말도 안 되는 생각이에요! 공부하는 걸 피하려는 핑계죠.

선생님: (한숨을 쉬며, 집 안을 돌아보다 한 개의 상자를 발견한다. 그 상자에는 읽기 힘든 한자들이 쓰여 있다.) 이것을 한번 읽어 보실래요? 아와사 씨?

아버지: (어이없다는 표정으로) 제가 어떻게 그것을? 그것은 중국어인데요.

선생님: 최소한 시도라도 해 보세요, 집중해서.

아버지: 말도 안 돼요. 제가 어떻게 읽어요?

선생님: (아버지가 이산에게 해 왔던 방식의 말로) 지금 아주 태도가 나
   쁘시군요. 태도가 아주 못됐고 막무가내시네요.

아버지: …….

선생님: 이것이 지금 정확히 이산이 겪고 있는 상황입니다.

껍질을 깨기 위해 기억해야 할 세 가지

코치coach의 어원은 헝가리의 도시 코치Kocs에서 개발된 말 세 마
리가 끄는 마차에서 유래한다. 전 유럽으로 퍼진 이 마차는 코치kocsi
또는 코트드지kotdzi라는 명칭으로 불렸으며, 영국에서는 코치coach
라고 했다. 지금도 영국에서는 택시를 코치라 부른다. 반면, 훈련을
뜻하는 영어 단어 'training'은 기차train에서 왔는데 기차는 집단으
로 정해진 선로를 따라서 도심에서 도심으로 이동할 수 있다는 특징
이 있다. 반면에 '코치'는 door-to-door, 즉 본인이 있는 곳에서 원
하는 곳으로 자유롭게 이동할 수 있다는 속성이 있다. 그래서 코칭을
'고객(자녀)을 현재 상태에서 목표 상태에 도착하도록 함께하는 보다
개인화된 방식'이라고 할 수 있다. 한국코치협회는 코치를 "개인과 조
직의 잠재력을 극대화하여 최상의 가치를 실현할 수 있도록 돕는 수
평적 파트너십"으로 정의한다.

현대 코칭의 출발은 1980년대 재무 설계사였던 토머스 레너드Thomas

Leonard로 거슬러 올라간다. 그는 재무 컨설팅을 하면서 아무 부족한 것 없어 보이는 이들에게도 도움이 필요하다는 것을 경험한다. 사람들은 자녀 문제, 부부 갈등, 회사에서의 운영상 문제, 은퇴 후 삶에 대한 불안함 등 누구와도 할 수 없었던 이야기를 레너드와 나누면서 만족을 얻고 미래를 창조할 수 있었다. 이후 토머스 레너드가 1992년에 코치유니버시티Coach University라는 회사를 설립하면서 본격적인 현대 코칭 산업이 발전되기 시작했다. 1995년에는 국제코치연맹이 설립되어 코칭은 전 세계로 퍼져 나가고 각계각층으로부터 인정받게 된다.

우리나라에는 2003년에 한국코치협회가 발족했다. 협회는 지난 2006년 노동부 산하 사단법인으로 인가되어 현재 약 2천여 명의 인증 코치가 사회 각 분야에서 활발하게 활동 중이다.

우리나라에서 코칭은 기업에서부터 시작되었다. 기업에서는 잠재되어 있는 아이디어를 발굴하고 창의적인 문제 해결 또는 성과 창출을 목적으로 코칭을 활용하고 있다. 특히 팀의 리더들에게 코칭을 하거나 코칭법을 전수하여 그들이 팀을 이끌고 리더십을 발휘할 수 있도록 적용한다.

반면 개인 코칭은 우리나라에서 아직까지는 대중적이지 않다. 일상에서 일어나는 문제·갈등·고민 등 벽에 부딪혔을 때 대부분 혼자 해결하거나 주변 지인들의 조언을 통해 또는 선례를 바탕으로 판단하고 결정하고 나름의 해결책을 찾는다. 물론 그 과정에서 선배나 멘토가 제대로 조언을 해 준다거나 스스로 셀프 코칭을 통해 명쾌한 해답을 찾는다면 두말할 나위 없을 것이다. 하지만 그들이 늘 명쾌한 답을 내려줄 수는 없다. 또 혼자의 힘으로 한계에 부딪히는 경우도 있다.

일본에서는 아이를 키우면서 문제가 생기거나 조언이 필요할 때 코치에게 조언을 구하는 일대일 코칭이 정착되어 있다. 하지만 우리는 여전히 자녀 양육에서 이슈가 생기면 가입되어 있는 카페 회원들에게 묻거나 지식 검색, 육아 선배나 전문 서적 등에 의존한다. 그들 역시도 비슷한 방법으로 자녀를 양육했을 것이다.

이제는 그들이 활용한 똑같은 방법으로 내 아이를 가르치는 것이 아니라 아이 스스로 문제 상황이나 개선 사항을 인식하고 개척해 나갈 수 있도록 해야 한다. 엄마는 정보 제공자(티처)가 아니라 아이디어 발굴자(코치)로서의 역할을 해야 한다. 물론 처음에는 시행착오를 겪게 마련이다. 일방적으로 가르쳐 주면 쉽게 배울 수 있고 실패 확률도 줄일 수 있다. 하지만 언제까지 옆에서 가르쳐 줄 수는 없다. 매 순간 정답을 알려 주는 똑순이 엄마보다는 기다려 주고 인내할 수 있고 자녀를 신뢰하는 엄마가 장기적으로는 아이의 성장과 발전을 이끌어 낼 수 있다.

'줄탁동시啐啄同時'라는 말이 있다. 병아리가 알에서 나오기 위해서는 세 시간 안에 껍데기를 깨고 나와야 질식하지 않고 살아남을 수 있다. 알 속 병아리가 껍데기를 깨뜨리고 나오기 위해 껍데기 안에서 아직 여물지 않은 부리로 사력을 다하여 껍데기를 쪼아 대는 것을 줄啐이라고 하고, 이때 어미 닭이 그 신호를 알아차리고 바깥에서 부리로 쪼아 깨뜨리는 것을 탁啄이라고 한다. 줄과 탁이 동시에 일어나야 한 생명이 온전히 탄생한다. 병아리가 나오고자 신호를 보내는데도 '너 혼자 힘으로 해 봐' 하고 방치한다면 병아리는 지쳐 포기할지 모른다. 반대로 어미 닭의 사랑이 지나쳐 한시라도 바삐 새끼를 보고 싶은 마음에 알을 강하게 쪼아도 제대로 부화하지 못하고 죽어 버릴 수 있다.

자녀의 자아실현과 잠재력 개발을 위해 부모는 코치가 되어 자녀와 함께 한 방향을 바라볼 수 있어야 한다. 그리고 서로 강도를 조절하며 함께 걸어가야 한다. 이처럼 자녀의 잠재력을 극대화하여 최상의 가치를 발견하고 변화와 발전을 지원하여 부모(엄마)와 자녀 간 수평적 파트너십을 형성할 수 있는 동반자가 바로 '코칭맘'이다.

코칭에는 철학이 담겨 있다. 이 철학을 코칭맘이 되겠다고 마음먹은 순간부터 수도 없이 되뇌어야 한다. 코칭 철학에 대한 신뢰를 품었을 때 비로소 스킬이 아닌 진심으로 자녀와 소통할 수 있게 된다.

코칭 철학의 첫 번째는 '자녀는 무한한 가능성을 가지고 있다'이다. 야생 동물들은 태어나고 얼마 지나지 않아 곧게 서거나 걸을 수 있다. 하지만 인간은 태어나서 약 3년간은 부모 없이 혼자 생존하기 어렵다. 바로 동물과 사람의 차이 중 하나인 뇌의 가소성 때문이다. 가소성이란 찰흙을 어떤 형태로 변형시킨 뒤, 더 이상 외부에서 힘을 가하지 않아도 점토가 변형된 그대로의 모양을 유지하는 것과 같은 성질을 말한다. 좀 더 구체적으로 말하면 동물은 이미 완벽한 상태로 태어나 바로 생활이 가능하다. 이는 생존에 유리한 장점이다. 단점은 이미 완벽하기에 큰 변화를 기대하기 어렵다는 것이다. 하지만 사람은 미성숙한 상태로 태어나 어른의 보호를 받아야 한다. 대신 자라면서 점차 성숙해진다. 뇌의 미성숙한 부분을 경험이나 학습으로 채우며, '평생'을 발전한다. 동물에게 없는 가소성만큼 잠재된 가능성도 무한하다는 의미다.

두 번째는 '해답은 자녀 안에 있다'이다. 우리 자녀가 앞으로 롤러코스트 같은 인생을 살아가면서 선택과 판단, 해결해야 하는 일은 수없이 많다. 그럼에도 엄마들은 자신의 품에 있을 때만큼은 엄마의 잣대에 맞춰 해 줄 수 있는 것은 최대한 대신해 주려 한다. 그런 사랑이 무색하게 우리 자녀들은 점점 더 무력해지고 수동적이며 학업 만족도나 행복 지수는 떨어진다. 심지어 자녀가 커 갈수록 또 자녀 수가 많을수록 엄마의 체력은 고갈되고 양육 스트레스는 고스란히 가족 구성원들에게 되돌아간다.

어쩌면 부모가 확신하던 양육 방식이 자녀를 무력하게 하고 있을지도 모른다. 예를 들어 아이가 학교에서 일어난 문제로 고민하고 있을 때 그 상황은 겪은 당사자가 가장 잘 알고 있다. 대충 상황을 듣고 해결 방식을 제안하거나 결론을 지어 버린다면 가끔이야 그 방식이나 결론이 정답일 수도 있지만 궁극적인 해결은 되지 않는다. 그것은 엄마의 편견과 가치가 들어간 방법이고 엄마의 정답이기 때문이다.

엄마는 그 상황을 잘 듣고 아이가 현명한 해답을 내릴 수 있도록 사고를 촉진시켜 주기만 하면 된다. 공부하려고 할 때 "공부 안 하니?"란 말을 들으면 하려던 마음이 사라진다. 마음만 있다면 자발적으로 움직일 수 있다. 의욕을 끌어 주는 것만으로도 충분히 아이는 방법을 찾고 스스로 해결하려고 노력한다.

세 번째는, 부모는 함께 해답을 찾아가는 '동반자'라는 점이다. 아이의 마음과 의욕을 끌어내 준다면 자녀는 스스로 가장 현명한 해답을 찾을 수 있게 된다. 자녀가 해답을 찾았다면 엄마는 이 해답을 행동으로 옮기고 완수할 수 있도록 함께 뛰어 주는 역할을 하면 된다. 경사진 곳에 짐수레를 끌고 올라갈 때 앞에서 당기는 것이 아니라 뒤에서 미끄러지지 않게 받치고 밀어주는 것이 동반자로서의 역할이다.

엄마가 보는 자녀는 늘 불완전하다. 그래서 사랑이란 이름으로 간섭하고 잔소리한다. 그것은 자녀가 결혼한 이후까지도 이어져, 자녀의 결혼 생활에 영향을 미치는 경우도 허다하다. 우리는 코칭 문화 형성을 위해 엄마의 패러다임을 시원하게 깨야 한다. 많은 엄마들이 의문을 가진다. "코칭을 통해 애들이 말을 잘 들을까요? 과연 문제를 개선할 수 있을까요? 이렇게 한다고 바뀔까요?"

자녀의 변화와 발전을 간절히 원하면서도 '안 될지도 몰라', '가능할까?' 등의 부정적 태도를 가진다면 아무리 코칭 수업을 들으며 귀를 쫑긋하고 빽빽이 메모를 한다 해도 결국 원점으로 돌아가기 마련이다.

코칭과 티칭의 차이는 질문에 있다

부모 교육을 하다 보면 엄마들의 시선을 모으는 대목이 있다. "자녀를 컨트롤하기 어려워지는 시점이 몇 학년 때부터일 것 같은가요?"라는 질문에서다. 육아 초보 엄마들은 "점점 더 어려워지는 거 같아요"라고 말하지만 키워 본 엄마들은 3, 4학년 때부터라고 한다. 어떤 부분이 힘든지 구체적으로 질문을 하면 "아이가 안 하던 말대꾸를 해요", "거짓말이 늘었어요", "우기기 시작해요", "능구렁이처럼 말을 안 들어요" 등 다양하다.

엄마들 하소연을 듣다 보면 우리 자녀들은 모두 참 얄밉다는 생각이 잠시 들기도 한다. 그나저나 왜 그 시점이 딱 3~4학년 정도일까? 혹시 스마트폰 활용법을 자녀에게 물어본 적 있는가? 텔레비전 리모컨 기능을 몰라 자녀를 부르거나 컴퓨터 작업 중에 에러가 발생해 의지해 본 적 있는가? 아마도 대답은 '있다'일 것이다. 늘 엄마에게 물어보고 의지하던 아이들이었지만 어느 순간 엄마가 자녀에게 물어보고 은근히 의지하게 되는 시점이 생긴다. 그때가 자녀의 일상적 정보력이 부모를 앞서가게 되는 시점이다. 숙제를 도와주고 싶지만 내가 관여할 수 있는 난이도를 넘어서기 시작한다. 영어는 낯선 단어를 넘어 현란한 어휘력에 가끔 주눅이 든다. 그즈음 또래 집단과 어울리며 그들끼리 주고받는 정보는 엄마들의 수다 그 이상이다. 어느 순간 자녀의 주장은 부모에게 반항인 듯 보이고 자녀의 주관은 어이없게 느껴지기도 한다. 예전에 순종적이고 말을 잘 듣던 아들, 딸의 모습은 온데간데없이 사라지고 엄마의 잔소리가 멈추지 않는다.

그럴수록 아이들은 부모로부터 독립적으로 생각하고 행동하며 심지어 엄마와의 약속이나 지시에도 적당히 듣고 적당히 타협하고 결론 지어 행동한다. 그럴 때면 가끔 자식에게 무시당하는 것 같기도 해서 진심으로 화가 날 때도 있다. 이때가 되면 더 이상 부모는 자녀를 티칭할 수 없다. 티칭이라는 것은 말 그대로 모르는 것을 가르쳐 주는 것이다. 자녀가 횡단보도에서 언제 건너는지 모른다면 파란불일 때 건너야 한다고 가르쳐 줘야 한다. 자녀가 집안일을 돕고자 하는데 청소기 작동법을 모른다면 당연히 가르쳐 줘야 한다. 이런 것이 아니라면 자녀는 티칭을 '잔소리'로 받아들인다.

자녀가 선택할 수 있고 판단할 수 있고 스스로 조율할 수 있는 것들, 또 어떻게 해야 하는지 알지만 마음이 움직이지 않아 행하지 않고 있는 상황들, 반대로 결론은 알겠는데 방법을 찾지 못하는 다양한 일들, 이때가 답을 알려 주는 티칭이 아닌 스스로 해답을 찾아갈 수 있는 코칭이 필요한 순간들이다.

🔵 TIP 코칭이 필요한 순간들

- 자녀들이 다투고 서로 갈등 관계에 있는 경우
- 학교에서 일어나는 다양한 관계적인 부분
- 성적이 떨어져 속상한 경우
- 좀 더 좋은 결과를 얻고 싶은 경우
- 일상생활에 나쁜 습관이나 태도를 바꿔야 하는 경우
- 미래에 대한 꿈이나 목표를 정해 실천해야 할 경우

예전에 주말 예능 프로그램 중에서 '날아라 슛돌이'라는 코너가 있었다. 어린이 축구팀을 결성하여 그들이 전국을 다니며 또래 축구팀과 시합을 하는 프로였다. 연예인 몇 명이 날아라 슛돌이 팀의 코치가 되어 그들을 가르치고 훈련하여 시합을 여는 방식이었다. 2006년 월드컵 즈음, 영국 유소년 팀과 우리 슛돌이 팀이 시합을 했다. 월드컵의 열기만큼 우리나라 팀이 꼭 이겨야 한다는 승부욕까지 생기는 경기였다. 전반전이 끝나고 작전 회의가 시작됐다. 여기서 우리나라 팀과 영국 팀 코치의 역할이 확연하게 달랐다. 아래 대화를 살펴보자.

📱 우리나라 팀 대화

코치 1 : 잘했어. 너무 잘했어. 원준이 이리 와.

코치 2 : 야! 잘했어. 너무 잘했어. 즐기라고.

원준 : 아, 오늘 경기 재미있다.

코치 1 : 자, 형호(형호는 주장이다)! 잘해. 잘하는데…… 드리블이 너무 많아. 지금 휘민이나 원준이가 비어 있거든. 센터링을 해 주던가 안으로 들어가서 패스를 해 주라고 했잖아. (코치는 경기 판에 매직으로 색칠을 해 가며 형호만 보며 열정적으로 설명한다) 안 그러면 슈팅! 알았지?

형호 : 네…….

코치: 환상적이었어. 우리가 잘한 게 뭐지?

선수 1: 패스요.

코치: 패스가 환상적이었지.

선수 2: 나도 골을 넣고 싶어요(한 명이 어슬렁거린다).

코치: 앉아 주겠니(흥분된 상황을 안정시키는 모습).

선수 3: 나는 골을 넣었는데.

코치: 잘 들어봐. 우리가 공을 가지면 어디로 가야 되지?

선수: (한 명이 손을 들고) 공간이요.

코치: 어디에 공간이 있지?

선수: (손가락을 가리키며) 날개 쪽이요.

코치: 그래, 맞아. (공간 개념을 상기시키며 그라운드로 내보낸다)

두 팀 대화에서 티칭과 코칭의 차이를 알 수 있다. 먼저 한국 팀 코치는 지시하고 명령한다. 잠깐의 칭찬은 있지만 곧바로 부정을 전달한다. 그리고 코치가 결정하고 전체는 따르는 방식으로 과거의 통솔적 리더십을 발휘한다. 팀 선수들보다 코치가 중심이 되어 말을 하고 답을 제시해 버리는 것이다. 대화를 살펴보면 우리 팀 선수들이 열심히 듣는 것처럼 보이나 유일하게 팀 리더인 형호만이 코치와 단독 대화를 나눈다. 리더인 형호가 가장 축구를 잘하기 때문이다. 이 경기에서 한국 팀이 이긴다면 형호는 영웅이 될 것이다. 축구에 대한 자신감도 생기고 흐뭇함도 느낄 수 있다. 그런데 만약 한국 팀이 진다면 어떨까? 어쩌면 형호는 죄책감에 시달릴지도 모른다. 자신을 믿고 있던 시선에 부응하지 못했다는 마음 때문에 축구 선수가 꿈이었던 형호는 두 번 다시 축구를 하고 싶지 않을 수도 있다.

영국 팀은 다르다. 코치는 들어오는 선수들을 우선 칭찬과 격려로 맞이한다. 이어서 착석을 지시하고 이후 팀원들을 향해 질문한다. 그리고 선수들은 질문에 대한 답을 하고 코치는 딱 한마디 "그래, 그렇게 해!"라는 간단한 대답 후 그들을 경기장으로 다시 내보낸다. 바로 이 15분 작전 타임에서 선수들에게 적용한 것이 코칭적 대화법이다. 코치는 그들을 지지하고 격려하고 결정을 함께했다. 질문을 통해 선수들의 생각을 자극하고, 그들의 답변에 적극적으로 호응하고 공감한다. 또한 질문은 단답형이 아닌 구체적으로 답변할 수 있는 개방적(열린) 질문으로, 잘못된 지적 등의 부정적 질문이 아닌 긍정적인 질문, 그리고 과거보다는 미래 질문을 하며 최상의 목표를 달성할 수 있도록 대화했다.

일상에서도 이런 스팟 코칭을 해야 하는 일들이 매일매일 발생한다. 모처럼 대학 동창을 만났을 때의 일이다. 애들을 키우다 보니 시간 내어 차 한 잔 하기가 쉽지 않았다. 그날은 그녀가 남편과 함께 있는 자리에 불러서 만나게 됐다. 아무래도 공통 대화 주제를 찾다 보니 자녀 이야기가 주가 되었다. 다음은 친구와 친구 남편이 나누는 내용 중 한 부분이다.

은선: 자기야, 속상해 죽겠어.

남편: 왜?

은선: 아니…… 현우, 이 녀석이 오늘 시험 봤는데 두 개나 틀렸대. 근데 다 아는 문제를 틀린 거 있지?

남편: 아, 그래? 뭐 그럴 수도 있지. 지난번 시험보단 잘한 것 같은데.

은선: 뭐 지난번보단 잘했지만……. 그래도……. 할 수 있는 애가 안 하니 그렇지.

남편: 그래서 뭐라고 했어?

은선: 아는 걸 왜 틀렸느냐고 물었더니 대꾸도 없이 들어가는 거야. 나 참 어이가 없어서 말이야.

남편: 아이고…… 그래도 잘했다고 좀 해 주지.

은선: 안타까워서 그러지. 조금만 더 했으면 만점 받을 수 있는 아이인데…….

부부의 대화는 낯설지 않은 일상적인 내용이다. 두 사람 모두 자녀를 사랑하는 마음이 느껴진다. 하지만 자녀의 발전에 큰 도움은 되지 않는다. 부모는 자신의 기준에 따라 늘 '매우 만족'하는 결과가 나오길 바란다. 만약 '만족'하는 결과라고 해도 '보통'이거나 '불만족'한 결과인 듯 반응을 하는 경우가 있다. 진짜 부모의 속마음은 '지금도 만족하지만 조금만 하면 더 잘할 수 있을 거 같아서'라는 아쉬움 때문일 것이다. 설령 그 마음이 사실이라도 자녀가 바르게 성장하는 데에는 아무런 도움이 되지 않는다.

지난번 시험보다 10점이 오른 현우의 진짜 마음은 어떨까? 엄마의 칭찬을 기대하며 한껏 들뜬 마음으로 하교했을 것이다. 그런데 엄마가 첫 반응으로 "너 이거 아깝게 왜 틀렸어? 그때 같이 풀었던 거잖아" 하는 순간 칭찬을 기대했던 긍정적 마음은 '왜 틀렸을까?' 하는 부정적 마음으로 돌아가게 된다. 이후 엄마의 훈육은 아무리 옳은 얘기일지라도 귀를 닫게 한다. 혹여 그 서운함이 잘못된 태도로 표현되기라도 하면 엄마는 곧바로 목소리를 높인다. 결국 지난번 시험보다 10점이나 높은 결과를 받아도 엄마의 반응은 늘 그대로다. 자녀는 허탈해진다.

그렇다면 코칭맘은 어떤 모습일까? 자녀가 아는 문제를 틀려온다면 아무리 코칭맘이라고 해도 안타까운 마음은 마찬가지다. 하지만 코칭맘이 일반 엄마와 다른 것은 엄마의 안타까운 마음 이전에 자녀 마음을 먼저 헤아려 준다는 점이다. 그리고 어떤 상황에서도 잘한 점(강점)을 먼저 찾는다. 그렇게 되면 '왜'란 질문이 먼저 나오기보다 '인정'이 먼저 나오게 된다. 이어서 자녀의 마음을 헤아려 준다. 코칭맘은 왜 틀렸느냐고 따지기보다는 다음과 같이 말한다.

"어머! 우리 현우 지난번보다 10점이나 훌쩍 올랐네. 이번에 좀 열심히 하더니 기분이 어때?"

현우도 성적은 올랐지만 아는 문제를 틀린 것에 대한 안타까움이 있을 것이다. 뜻밖에 엄마가 편안하게 자신의 공을 인정하고 칭찬해 주니 마음이 안정되고 신뢰감이 생기게 되어 자연스럽게 자기 얘기를 하나씩 풀어 놓게 된다.

"근데 엄마 이 문제는 지난번에 엄마랑 같이 풀었던 건데 좀 착각을 해서 틀렸어."

그때 엄마는 자녀의 그런 모습까지도 수용하고 공감한다. 이때쯤엔 살짝 엄마의 마음을 드러내도 괜찮다.

"그러네, 현우야, 정말 안타깝겠다. 엄마도 좀 아쉬운데? 어떻게 하면 이런 일로 실수하지 않을 수 있을까?"

현우가 대답한다.

"다음번에는 시험지 다 풀고도 시간 남으면 꼭 검토할 게요. 사실 이번에 좀 방심했어."

엄마는 여기서 한 가지를 더 끌어낸다.

"그래. 검토를 하면 실수를 줄일 수 있겠다. 그런데 혹시나 시험 시간이 빠듯할 수도 있을 텐데…… 한 가지 방법을 더 찾아볼까?"

현우는 한참을 생각하고는 말한다.

"처음부터 질문을 꼼꼼히 읽어야겠어요. 선생님들이 끝에 살짝 질문을 바꾸더라고요."

결국 현우는 자기만의 해답을 스스로 찾는다. 엄마는 이런 아이에게 무한한 격려와 칭찬을 아끼지 않아야 한다.

"그래, 현우야. 그렇게 하면 되겠구나. 우리 현우 다음 시험 목표는 몇 점으로 잡아 볼까?"

자신감도 생기고 기분도 좋아진 현우가 대답한다.

"당연히 백 점이죠."

엄마는 흐뭇하게 현우의 눈을 바라보며 "넌 할 수 있을 거야. 엄마가 응원할게" 정도로 대화를 마무리하면 된다.

아이의 마음을 여는 코칭 대화

유명 토크쇼였던 '무릎팍 도사'에 개그우먼 박경림 씨가 출연한 적이 있다. 그녀는 학창 시절부터 가수 이문세, 개그맨 박수홍 등 유명인들과 친분 관계를 맺을 정도로 연예계 마당발로 손꼽히는 인물이다. 출중한 외모도 아니고, 타고난 배경이 화려한 것도 아니지만 그녀가 많은 유명인들과 인맥을 과시할 수 있었던 이유를 짧은 토크쇼에서 짐작할 수 있었다. 박경림은 중학교 때 학교 학생회에 속해 있었다. 학교 축제를 맞아 학생부 선생님은 평소에 끼가 많던 박경림 씨에게 "네가 뭔가를 보여 줘야 하지 않겠니?"라고 말했다고 한다. 그 말에 그녀는 막중한 책임감을 느끼고 반으로 돌아왔다. 번뜩 떠오른 아이디어는 연예인 섭외였다. 박경림 씨는 친구들을 불러 모았고 그들의 일가친척들 중에서 연예인이 있는지 확인했다. 마침 친구 아파트에 가수 신성우 씨가 산다는 정보를 얻었다. 그 친구의 도움으로 신성우 씨의 차가 밖에 있다는 정보를 입수한 후에 그녀는 다짜고짜 집으로 찾아가 초인종을 눌렀다. 신성우 씨의 어머니인 듯한 중년 여성의 음성이 들려왔고, 그때부터 박경림 씨와 톱스타 어머니의 대화가 이어졌다. 박경림 씨는 현관문 너머에서 들려오는 어머니에게 그녀의 독특한 목소리로 정중히 자신의 학교와 이름을 먼저 밝혔다. 이어 상냥한 인사말을 건네고 자신이 이곳에 방문한 목적을 밝혔다. 하지만 예상했던 대로 "우리 성우가 요즘 바쁜데……"라는 답변만 돌아왔다. 그러자 박경림 씨는 이러다가는 문도 열어 주지 않겠다고 판단하고는 전략을 바꿨다. 그녀는 곧바로 "예, 어머니 요즘 많이 힘드시죠?"라는 말로 어머니의 감정과 상태를 읽으며 감성을 자극했다. 이내 문 너머에서 나지막한 음성이 들려왔다. "어, 힘들어." 이어서 그녀는 "아유, 아들이 잘난 것도 힘든 거예요, 어머니"라며 간접 칭찬으로 어머니 마음을 여는 동시에 현관문도 같이 열었다.

그녀는 집으로 들어가서도 일체 섭외 얘기를 꺼내지 않고 그저 신성우에 대한 질문만 했다. "언제부터 음악에 재능을 보였어요?", "어릴 때 속은 안 썩였어요?", "집 안 인테리어가 너무 예쁜데 누구 솜씨예요?" 이런 질문에 어머니는 흥이 나서 집안 이야기, 집 인테리어 이야기, 어머니 건강 이야기 등을 주고받으며 친밀감을 형성했다. 어머니 마음속에 가득 찼던 물이 다 비워진 상태가 되니 이제는 새로운 물을 채우고 싶어진 신성우 씨 어머니가 그제야 박경림에게 질문을 던졌다. "아! 그나저나 뭐 때문에 왔다고 그랬지?" 박경림 씨는 그 질문에도 "아유, 부담 갖지 마세요. 그런 게 뭐 중요한가요?" 하고 답했다. 그때 마침 신성우 씨가 방에서 나오자 이미 든든한 지원군이 된 신성우 씨 어머니가 눈짓을 하며 얼른 가서 얘기해 보라는 듯이 옆

구리를 쿡쿡 찌르더라는 것이다. 그 결과 개인 스케줄로 신성우 씨를 섭외하지는 못했지만 그가 소개해 준 같은 소속사 장동건 씨를 섭외했다니 목표 이상 큰 성과를 거둔 셈이었다.

이 일화에서 그녀는 상대의 마음을 움직이는 방법을 일상에서 이미 실천하고 있음을 알 수 있다. 박경림 씨는 감정을 헤아려 주고 공감하고, 칭찬을 통해 코칭 환경을 만들었다. 질문과 경청을 통해 상대 마음속에 가득 차 있는 물을 깨끗하게 비워 새로운 물을 담을 수 있게 했다. 그 새로운 물이 바로 창조적 아이디어나 문제 해결의 열쇠 같은 것이다. 이것이 바로 코칭의 힘이다.

아이들에게도 이와 비슷한 것을 볼 수 있다. 승부욕이 강한 주명이라는 아이가 있다. 엄마는 지난달 주명이가 좋아하는 만화 캐릭터 퍼즐을 사 주었는데 아이는 할 때마다 짜증을 부리며 완성도 되기 전에 엎어 버리기를 반복한다. 엄마는 그런 딸의 모습이 눈에 밟혀 말을 건넨다.

엄마: 주명아! 넌 왜 퍼즐 할 때마다 이렇게 짜증을 내니?

주명: (인상을 쓰며 잘되지 않는다고 짜증을 부린다)

엄마: 좀 차분하게 그림을 보면서 진득하게 해야지. 네가 도중에 엎어
　　　버리고 하니 완성이 안 되잖아. 시간만 걸리고.

주명: (좀 더 일그러진 얼굴로) 아, 몰라 내가 항상 그랬어? 이게 특히
　　　안 되니까 그렇지.

엄마: 아이고, 성질하고는…… 네가 그렇게 성질이나 부리니 될 것도 안 되겠다

주명: 됐어, 엄마는 잘 모르면서……. (결국 주명이는 자기 방으로 들어간다)

주명이 말대로 엄마는 정말 뭘 모르는 걸까? 엄마도 의도치 않게 딸의 그런 모습을 보면 답답해하지만 이렇다 할 답이 없다. 위에 대화를 코칭 대화로 풀어 보자.

엄마: 주명아! 왜 그러니? 퍼즐이 생각처럼 잘되지 않아?

주명: 응. 다른 건 쉽게 잘되는데 이게 좀 어려워.

엄마: 그렇구나.① 엄마가 봐도 다른 것에 비해 좀 복잡해 보인다.②

주명: 그렇지? 근데 영미는 금세 맞추더라고. 나도 그렇게 하고 싶은데. 잘 안 되서 짜증 나.③

엄마: 아, 영미처럼 잘하고 싶구나. 영미는 이 퍼즐을 언제부터 한 것 같아?④

주명: 나보다 훨씬 일찍 샀을걸?

엄마: 아, 그래? 영미가 이미 오래전에 시작했나 보네.

주명: 응.

엄마: 우리 주명이가 영미보다 더 잘하는 건 뭘까?⑤

주명: 음, 난 영미보다 피아노를 오래해서 더 잘 쳐.

엄마: 그렇구나. 그럼, 어떻게 하면 주명이가 영미만큼 이 퍼즐을 잘할
　　　수 있을까?⑥

주명: 꾸준하게 연습⑦하면 될까?

엄마: 그래, 꾸준한 연습 좋다. 한 가지 더 주명이가 지금 가져야 할 마
　　　음은 뭘까?

주명: 차분하게 끝까지 해 보는 거.⑧

엄마: 맞아, 주명아. 우리 다시 한 번 시작해 보자.

　　주명이와 엄마의 대화를 코칭적 대화로 풀어 보았다. 엄마는 먼저
아이의 말에 답을 내리기 전에 '그렇구나①'라고 주명이의 마음을 헤
아렸다. 그리고 엄마도 주명이와 같이 생각한다고 공감대 형성②을
통해 아이의 마음을 열었다. 아이의 마음을 여니 스스로 자기가 짜
증내는 원인③을 이야기한다. 이어서 앞으로 배우게 될 경청, 질문,
피드백 스킬을 발휘한다. 우선 주명이의 상황 듣고 난 후 질문④을
한다. 그리고 부정적 관점에 있는 자녀에게 긍정적인 질문⑤을 통해
아이의 관점을 바꾼다. 이어서 아이가 이 상황에서 무엇을 해결해야
할지에 대한 실행 계획을 세우는 질문⑥을 했다. 이에 주명이는 '꾸준
하게 연습하는 것⑦'과 '끝까지 해 보기⑧'라는 두 가지 해답을 찾아
냈다.

　　앞 대화가 코칭 대화의 완전한 모습은 아니다. 코칭적 대화에 적용
할 수 있는 몇 가지 부분만 활용한 것이다. 그럼에도 자녀와 대화를

좀 더 편안하게 이어 갈 수 있고 자녀 역시 갈등 상황을 지혜롭게 헤쳐 나가려는 의지를 엿볼 수 있다. 이렇듯 코칭 대화법은 엄마가 쉽게 답을 제시해 버리거나 대화 도중 감정적 손실로 인해 갈등으로 이어지는 것이 아닌 자녀 스스로 방법을 찾고 명쾌한 해결책이나 해답을 내려 진정한 동기 부여가 되어 행동으로 옮기도록 도와준다. 그것이 코칭의 힘이다.

2

코칭맘의
기본기 닦기

나이대별로 본 아이의 자존감 형성

2015년 5월 스승의 날 즈음, 주변에 소문이 돌았다. 출근하자 직원들끼리도 삼삼오오 모여 수군대고 있었다. 나는 별 의식 없이 컴퓨터를 켜고 여느 때와 마찬가지로 메일 확인을 위해 포털 사이트에 접속했다. 그때 평상시에는 눈여겨보지 않던 실시간 검색에 낯익은 단어가 눈에 띄었다. 회사 바로 건너편 대형 아파트 이름이었다. 나는 기사를 확인한 후 직원들 틈으로 들어가 귀를 쫑긋 기울였다. 기사 속의 아파트는 4천 세대가 넘는 대단지로 지역에서는 중산층 이상이 거주하는 곳이었다. 기사는 이곳에 아침 7시경 30대 남자가 53층에서 몸을 던졌다는 소식을 전했다. 그의 주머니에는 자신의 집 호수와 비밀번호가 적힌 쪽지가 발견되었다. 경찰이 쪽지에 적힌 호수로 들어가는 순간, 영화에서나 볼 수 있을 법한 장면을 목격했다. 거실에 60대 부부와 한 중년 여성, 그리고 어린아이가 손을 잡고 바닥에 누워 있었다. 이 끔찍한 사건은 다음 날 아침 뉴스에서 긴 시간 동안 방송되었다. 마침 그 동네로 이사를 가려던 참이었던 나는 부동산에 들렀다가 자세한 스토리를 듣게 되었는데 한숨만 나왔다. 몸을 던진 남자는 60대 부부의 아들인데, 연이은 사업 실패로 부모의 남은 재산까지 탕진했다고 한다. 그나마 있던 전세금도 월세로 전환되어 더 이상 버틸 수 있는 상황이 아니었다. 성악을 전공한 딸은 결혼했지만 이혼하고 친정에 들어와 살고 있는 처지였다. 보통 이런 경우라면 밖에 나가 뭐라도 해서 악착같이 살려고 노력하는 것이 일반적인 상식이다. 그렇지만 그들은 달랐다. 삶의 잣대와 기준이 달랐던 그들은 거기에 미치지 못하는 삶을 산다는 게 아마도 죽기보다 싫었을 것이다. 그들은 자신이 자라 온 환경과 경험 기준이 매우 우월해서 그 아래를 내려다본 적도 없었을 것이다. 늘 사람들에게 존경받고, 인정받고, 대우받는 삶에 익숙해졌을 테고 그 조건들이 무너지니 더 이상 자신들의 존재도 의미가 없다고 여긴 듯했다. 언론 매체에서 알려진 일 외에도 이런 일이 비일비재하게 일어나고 있다. '자살'이라는 단어는 우리 사회에서 심각할 정도로 평범하게 사용되고 있다.

특성화 고등학교에 특활 활동 강사로 출강하는 친구도 비슷한 하소연을 한 적 있다. 수업 중에 아이들이 습관적으로 '자살'이라는 단어를 쓴다는 것이다. 수업 시간에 자신이 원치 않는 활동을 하게 되면 "아, 자살하고 싶다"라는 말과 함께 창틀에 올라 뛰어내리는 시늉을 하는 섬뜩한 장난을 친다고 한다. 친구를 더 놀라게 했던 것은 학교 선생님들이 이미 그런 모습에 익숙한 듯 민감하게 반응하지 않았다는 점이다.

주변을 돌아보면 참 기묘한 일들이 한두 가지가 아니다. 젊은 여성들은 명품 가방에 지나친 집착을 보인다. 적게는 수십만 원에서 수백, 수천만 원까지 하는 고가의 물건을 하나 이상씩은 기본으로 가지고 있는 걸 보면 의문이 생기기도 한다. 명품백은 분명 20대 일반 직장 여성이 구매하기에 비싸다. 그래서 그들은 명품백 '계'를 한다든지, 신용카드 할부 등 조금 무리를 해서라도 구매를 한다. 그와 유사하게 우리나라는 OECD 국가 가운데 성형 수술률 1위를 지키고 있다.

이 같은 일은 사람들로부터 관심받고, 주목받고자 하는 인간의 기본 욕구에서부터 시작된다. 일상에서 원활하게 긍정적 자극을 충분히 받지 못하는 우리는 자신의 변화를 통해 사람들의 관심과 칭찬, 타인의 부러움 어린 시선을 즐기며 그 안에서 자신을 확인한다. 그로 인해 잠시 인격과 자아가 높아지는 듯한 느낌을 받을지 모르지만 얼마 지나지 않아 또다시 불안감을 느낀다. 그래서 중독으로 이어지기도 한다. 나 역시도 한때 하이힐 중독에 빠진 적이 있다. 155센티미터가 조금 넘는 작은 체구가 나에게는 콤플렉스였고, 굽이 없는 신발을 신고 밖을 나가게 되면 자신감이 없어지고 나를 무시하는 듯한 느낌을 받았다. 그래서 모든 신발은 8센티미터 이상의 굽이 아니면 구매하지 않았다. 지금 생각해 보면 나 역시도 남의 시선을 지나치게 신경쓰고 외모에 집착했던 부끄러운 시절이었다.

또 다른 예로 하루에 몇 번씩 SNS 프로필 사진이나 상태 메시지를 바꾸는 사람들이 있다. 이 또한 내가 지금 처한 상황이나, 기분이 어떤지를 알아달라는 무언의 호소다. 의미심장한 메시지를 작성해 놓고 주변 사람들로부터 "무슨 일 있어?", "왜 그래?"와 같은 관심과 걱정 어린 메시지를 받을 때마다 그들은 미묘한 위안과 야릇한 감정에 빠진다.

지금까지의 사례처럼 비정상적인 소비와 잘못된 태도의 공통점은 자존감 결핍이 원인이라는 것이다. 자존감이란 자신에 대해 어떻게 느끼고 있는지에 대한 것으로 자신을 가치 있고, 유용하고, 능력 있다고 느끼면 자존감이 높다고 할 수 있다. 자존감은 성인이 되어 특정 환경이나 경험으로 인해 떨어질 수도 있지만 보통은 부모로부터 대물림되는 경우가 많다. 자존감이 낮은 엄마는 자신에 대한 신뢰가 없기 때문에 자녀의 잠재력도 믿지 못한다. 그로 인해 자녀를 지나치게 걱정한다거나 과하게 간섭하고 또 엄마의 생각을 주입하여 자녀의 자율성이나 창의성을 묵살한다. 옷 입는 것에서부터 배우고 싶은 것, 먹고 싶은 것까지 뭐 하나 아이가 선택하거나 결정할 수 있는 게 없다. 결국 자녀는 엄마가 없으면 불안해한다. 유아기 때 엄마와 분리 불안도 이 때문에 생겨난다. 아이가 혼자서도 할 수 있다는 자신감을 엄마가 심어 주지 않은 것이다. 그리고 성취감도 느낄 수 없게 엄마가 관여한다. 그런 습관과 생활이 결국 자녀를 낮은 자존감으로 성장하게 하고 성인이 되어서까지 외부 스트레스나 자극으로 인한 감정을 유연하게 대처하지 못하고 극단적인 행동이나 평범하지 않은 방식으로 처리하게 만든다.

　나이대별로 자존감 형성 단계를 살펴보면 0~18개월까지는 엄마와 신뢰 관계를 형성하는 시기다. 자신의 행동에 일관된 반응을 보이는 부모와 신뢰를 가지고 애착 관계가 형성된다. 2~4세까지는 자율성을 형성하고 수치심을 알게 되는 시기로 자기가 하고 싶은 것을 하고자 할 때 허락을 받으면 자율성이 길러지지만 거절당하거나 지적을 받으면 수치심을 느끼게 된다. 이때부터 엄마는 무조건적 반대가 아닌 대화를 통해 아이를 이해시켜 스스로 판단할 수 있게 하는 게 중요하다. 예를 들어 요즘 아이들은 스마트폰에 노출될 수밖에 없다. 엄마가 밥 먹는 시간, 화장실 가는 시간 또 저녁 준비를 하는 시간에는 스마트폰이 얼마나 고마운지 모른다. 그렇게 습관적으로 아이에게 노출시키다 보니 너무 이른 나이에 스마트폰 중독에 빠지게 된다. 엄마는 무조건 못하게 하고 아이는 이미 습관이 된 행동으로 매일 전쟁을 치른다. 이럴 때 엄마와 아이는 미리 약속을 정해서 그 시간이 되면 아이 스스로 자신의 행위를 멈출 수 있게 훈련시키는 방식으로 자율성과 함께 절제도 터득할 수 있다.

　5~7세 때는 주도성이 형성되고 죄책감을 가지게 되는 시기로 질

문이 많아지는 시기다. 습관적으로 "왜?"를 반복한다. 그때 귀찮다고 무시하게 되면 자신의 호기심이나 궁금증이 묵살되면서 죄책감을 가진다. 반면 성실히 자녀의 묻는 행위를 인정하고 지지해 준다면 주도성이 형성된다. 이런 아이는 학교에 가서도 궁금한 점을 적극적으로 묻는다거나 모르는 것을 부끄럽게 여기기보다 알고자 노력한다.

8~13세 초등학생 시점에는 근면성이 형성되고 열등감을 느낄 수있게 된다. 학교의 역할이 중요해지면서 새로운 것에 대한 목표와 성취 시 긍정적 피드백을 받게 되면 근면성이 형성되지만 비교를 당하거나 평균보다 낮은 행위를 질책받으면 열등감이 생긴다. 만약 좋아하는 선생님이 예쁜 학생들만 편애하는 모습에 자극을 받는다면 자신의 외모에 열등감을 가지게 된다거나, 성적에 있어서만 과도한 칭찬을 받을 경우 성적이 좋지 못하면 열등감을 불러올 수 있다. 열등감은 그 외 성격에 대한 부분이나, 취미나 행동 등 모든 부분에서 나타날 수 있다.

자존감 높은 사람은 성인이 되어 어려운 상황에 처해도 어릴 때부터 쌓아 온 항체 덕분에 극복할 수 있다. 그들은 그런 상황에 다음과같은 마음을 가진다.

"지금은 힘든 상황이지만 난 어떻게든 극복하고 이겨 낼 수 있는 사람
이야."

"나는 얼굴이 남들보다 잘나진 않지만 누구보다 OO 부분이 뛰어난 괜찮은 사람이야."

"내가 들고 다니는 이 가방이 가장 멋지고 나에게 잘 어울려."

"나는 우리 가족과 함께하는 시간이 너무 소중하고 행복해."

"가족은 나의 에너지이고 원동력이야."

이런 훈련은 청소년 캠프나 기업체 강의에서도 많이 한다. 하지만 이런 활동이나 외침이 자신을 제대로 인식하여 일시적 자신감을 찾게 할 수 있을지는 모르나 근본적인 내면의 자존감 회복까지는 긴 시간이 걸린다. 그러므로 우리 엄마부터 자존감이 부족한 대물림을 시원하게 끊어 버려야 한다.

우리 자녀들은 엄마의 자극을 통해 자신의 존재감을 인식하고 세상 속에서 자신을 평가하게 된다. 그만큼 자극은 중요하고 더욱이 긍정적 자극은 절실하다.

지난 반세기 동안 우리들은 정치, 경제, 문화, 교육 등 모든 면에서 급변하는 과정을 겪어 왔다. 공상과학 영화에서만 볼 수 있던 일들이 현실에서 일어나고, 소득 수준과 삶의 질도 향상되었다. 그럼에도 우리들의 의식 변화는 지극히 정상적인 속도로 움직인다. 다시 말해서 우리의 의식 수준 속도에 비해 세상이 지나치게 빨리 변하고 있다. 그야말로 "먹고 살기 바빠서"라는 말이 딱이다. 그래서 '자존감'이란 건 사치이고 허세였을지 모른다.

점점 심해지는 사회 격차는 상대적 빈곤과 박탈감으로 '나' 자체보다는 환경이나 사회에 속한 '집단 안에서의 나'를 평가하게 되는 잣대가 된다. 잃어 버렸던 자존감을 하루빨리 회복해야 양적인 성장이 아닌 질적인 성장을 할 수 있다. 바닥을 치고 있는 대한민국 자녀들의 자존감을 어떻게든 끌어올려야 한다. 이것은 돈으로, 사교육으로 할 수 있는 영역이 아니다. 무엇부터 어디서부터 시작해야 할까? 그것은 가족이고 가정에서부터이다. 처음부터 그렇게 했어야 했고 되고 있어야 했다. 하지만 우리는 경제 성장을 이루는 동안 '인성', '성품'과 같은 것에 주의를 기울이지 않고 수직 성장만을 향해 달려왔다.

주변에 공부를 잘하거나 좋은 학교에 들어가는 자녀들을 보면 칭찬 일색이다. 엄마 자신도 모르게 툭하고 "누구네 집 애는", "누구네 집 남편은"이라는 말로 슬쩍 비교하게 된다. 자신의 삶이 불행하거나 어려운 상황이 아닌데도 그들을 동경한다. 자연스럽게 공부 잘하는 아이, 돈 잘 버는 남편이 이상적인 모습이고 쫓아가야 하는 대상으로 각인되어 살아간다.

몇 해 전 부모 교육 때 특별한 사연을 가진 엄마를 만난 적이 있다. 대부분 참여자들은 교육 신청 시 어떻게 하면 코칭을 배워 자녀를 더욱 성장시킬지에 목표를 두고 있다면 그 엄마는 달랐다. 그저 아이와 함께 있는 자체가 너무 행복해서 더 행복하게 해 주고 싶어서 참여했다는 것이다. 그녀는 잠시 자녀를 잃어버렸다가 찾은 적이 있었다. 잃어버린 기간 동안 엄마는 아이를 다시 찾게 된다면 어떠한 욕심도 없이 그 아이 존재 자체만으로 감사해하고 또 감사하며 살아가겠다고 눈물로 기도하고 다짐했다고 한다.

우리는 평범하게 흘러가는 일상을 너무 당연한 것으로 받아들인다. 어쩌면 그 평범함이 행복이라는 사실을 잊고 더 새로운 행복이 없는지 찾으며 기쁨을 누리지 못하고 살아가고 있다. 어릴 적, 동화에 나오는 파랑새를 찾는 것처럼 말이다. 이제부터는 자녀에게 특별한 일이 생길 때만이 아닌 일상에서 그들의 자존감을 높여 주는 습관이 필요하다. 높은 자존감 형성은 자녀가 앞으로 만나게 될 험난한 세상에서 겪게 될 걸림돌을 아주 멋지고 현명하게 극복하고 이겨내 우뚝 성장하는 모습으로 발현될 것이다. 이제부터 자존감을 높일 수 있는 가벼운 접근부터 시도해 보자.

셀프 코칭

• 자녀가 태어났을 때 엄마는 어떤 각오를 하셨나요?

부모가 되기 전에 먼저 아이가 되라

유명 대학병원 의사인 은진 씨는 어릴 때부터 모범생이라는 수식어를 달고 살았다. 부모님 말씀을 한 번도 거스르지 않고 다른 아이들에게도 늘 본보기가 되는 그야말로 '엄친딸'로 성장했다. 꿈이었던 의사도 되었고 특별한 듯 평범한 가정을 이루며 1남 1녀를 둔 워킹맘으로 분주한 삶을 살아간다. 퇴근하면 아이들 숙제를 봐 주고, 공부를 가르쳐 주는 일도 소홀히 하지 않는다. 특히 초등학생인 첫째는 엄마인 은진 씨 어릴 때 모습과 같이 모범생으로, 어릴 때부터 엄마가 신경 쓰지 않아도 제 할 일을 스스로 척척 해낸다. 하지만 은진 씨는 둘째에 대한 고민이 가득하다. 첫째와는 다르게 지나치게 부산스러웠다. 책상이나 식탁에 똑바로 앉아 학습지를 풀거나 공부하면 좋을 텐데 앉혀 놓으면 얼마 되지 않아 어수선한 행동을 하거나 장난을 쳤다. 그럴 때마다 은진 씨는 아이를 바로잡으려 경고도 하고, 타이르기도 하고, 화를 내보기도 했지만 그 순간뿐, 결국 그런 습관은 고쳐지지 않았다. 그녀는 내게 아이가 대단한 잘못이라도 한 듯한 뉘앙스로 열변을 토했다. 그러고 나서 질문했다. "이런 아이는 어떻게 잡아야 하나요?"

　얼핏 보면 '별일도 아닌 일 가지고 호들갑이네'라고 느낄 수도 있다. 하지만 은진 씨 입장에서는 이해하지 못할 일이 매일 반복되니 스트레스일 것이다. 자신은 과거에 그런 적이 없었고 첫째도 자신을 똑 닮았기에 더욱 둘째의 행동을 이해하기 힘들지도 모른다. 그녀가 가지고 있는 패러다임은 책상에 앉으면 허리를 곧게 펴고 앉아 연필을 바르게 잡고 30분 이상은 할 일을 해야 한다는 것이다. 나는 그녀의 생각을 깨 주고 싶었다. 그래서 질문했다. "은진 씨가 생각하는 7살짜리 아이의 아이다움은 어떤 모습인가요?" 잠시 생각하는 듯 눈동자가 흔들렸다. 이어서 "은진 씨 7살 때 부모님으로부터 이런 훈육이 어떤 느낌이었을지 기억하시나요?" 은진 씨는 이내 한숨 섞인 음성으로 말했다. "네……." 이 한마디와 함께 그녀 눈가에 눈물이 맺혔다.

둘째의 모습은 당연히 7살 아이의 모습을 그대로 갖추고 있었다. 은진 씨 자신이나 첫째 아이와 달리 활발하고 말하기 좋아하는 사교적인 성향의 둘째를 책상과 의자에 가두어 두려 했던 것이다. 그녀는 엄마의 역할을 다해야 한다는 신념으로 자신이 만들어 놓은 틀에 아이를 밀어 넣고 있었다. 그녀의 눈물은 아이에 대한 미안함과 지난 시간에 대한 아쉬움, 그리고 자신이 보지 못했던 것에 대한 깨달음의 의미가 아닐까?

패러다임이란 '어떤 한 시대 사람들의 견해나 사고를 근본적으로 규정하고 있는 테두리로서의 인식 체계, 또는 사물에 대한 이론적인 틀이나 체계'로 정의한다. 우리는 태어나 지금까지 살아오면서 환경이나 경험·가치관, 가족이나 부모·친구 등으로 인해 패러다임이 형성된다. 패러다임은 어떤 상황에서 나의 행동이나 표현 등을 결정짓고 행하게 한다. 마치 그것이 가장 올바른 방법이고 선택인 듯 인식되어 살아가는 것이다.

예전에는 지하철을 탈 때 표를 사서 타야 했다. 그곳에는 큼지막하게 '표 파는 곳'이라 쓰여 있었다. 은행 ATM기 위에는 '현금 인출기'라 쓰여 있었고, 버스가 서는 곳을 '버스 정류장'이라고 불렀다. 여전히 이 단어가 익숙할지 모른다. 하지만 '표 파는 곳, 현금 인출기, 버스 정류장'은 어디서 바라본 관점일까? 그렇다. 서비스를 이용하는 수요자가 아닌 제공하는 공급자 중심의 관점이다. 패러다임을 바꾼다면 이것을 이용하는 것은 고객이며, 고객이 이 단어를 사용할 때는 '표 사는 곳, 현금 출금기, 버스 승강장'으로 바뀌어야 더 자연스럽다. 양육도 마찬가지다. 익숙하지만 깨지 못하고 있는 패러다임으로 인해 스스로 자신을 가둬 놓거나 무궁무진한 자녀의 잠재력을 차단시키고 있는지도 모른다. 또 엄마의 입장이나 관점에서 자녀를 바라보고 판단하고 결정하기도 한다.

자주 쓰는 말 중에 "그럴 수도 있겠구나"라는 말이 있다. 자녀와 대화를 하다 보면 서로의 의견이 확연하게 다른 경우가 많다. 대부분의 엄마들은 아이들이 하는 말이 뻔한 얘기임을 감지하고 아이가 말하는 중간에 말허리를 자르고 "그러니까 엄마 말은 말이야"라든지, "그게 아니라 엄마 말은" 하고 자신의 의견을 주장한다. 물론 엄마 말이 맞을지도 모른다. 하지만 이후 자녀와 대화는 어떻게 이어지게 될까?

비슷한 예로 남편과 대화 중에 남편이 당신 말을 자르고 "그게 아니라 내 말은", "그러니까 내 말은"이라고 할 때 "네, 당신 말은 뭐예요?"라며 상냥하고 유연하게 수용하기란 쉽지 않다. 대부분 "그러니까 내 말 좀 끝까지 들어 봐"라든지 아니면 답답하다는 표정으로 대신하기 마련이다. 자녀와 대화 중 입장이 다르다고 위와 같은 반응을 보인다면 자녀는 더 이상 엄마와 대화하고 싶지 않게 된다. 자녀와 소통하고 싶다면 그런 상황에서 엄마의 패러다임을 잠시 접고 '아, 그렇게 생각할 수도 있겠구나', '듣고 보니 이해 가는 부분도 있네', '그럴 수도 있겠네'와 같이 상대의 생각과 입장도 헤아리려는 노력이 필요하다. 자신의 의견을 엄마가 수용한다는 것을 느끼게 되면 자연스럽게 자녀도 엄마의 의견을 들어 보고 싶은 자세로 바뀌게 된다. 서로의 의견을 공유함으로써 자녀의 사고가 확장되고 새로운 것을 창조할 수 있는 기반이 이뤄지게 된다.

앞으로 부정은 긍정으로, 문제에서 가능성으로, 원하지 않는 것에서 원하는 것으로의 인식 전환이 필요하다. 이는 코칭 패러다임의 중요한 요소이며 건강한 코칭 문화를 형성하기 위해 엄마가 꼭 실천해야 하는 기본이기도 하다.

셀프 코칭

- 당신이 생각하는 좋은 엄마란 어떤 엄마일까요?
- 그 관점에서 당신이 잘하고 있는 것과 잘못하고 있는 것은 무엇인가요?

엄마가 잃어버린 것들 1 - 환영하라

모처럼 여윳돈이 생겼다. 큰마음 먹고 얼마 전부터 눈여겨보던 원피스가 있어 백화점을 향해 설레는 마음으로 매장으로 들어서는데 종업원이 힐끗 쳐다본 후 계산대에서 컴퓨터만 바라보고 있다. 그러려니 하고 시선을 돌려 찾던 옷을 발견하는 찰나 다른 한 손님이 매장에 발을 디딘다. 그 순간 나를 맞이할 때와는 달리 종업원이 빠른 걸음으로 고객에게 다가가 천사 같은 웃음으로 "사모님, 오랜만에 오셨네요. 어쩜 점점 더 젊어지세요? 찾으시는 것 있으세요?" 하며 접근한다. 상황이 이렇게 되면 기분이 묘해진다. 자연스럽게 내 행색을 거울에 비춰 보게 된다. 화를 내기엔 내가 속 좁아 보이고 그렇다고 아무렇지 않게 대하기엔 이미 내 얼굴이 붉으락푸르락 변한다. 결국 소심하게 종업원을 힐끔 흘겨보고 이내 나온다.

며칠을 사고 싶어 고민하던 옷임에도 그냥 나온 이유는 뭘까? 그저 기분이 나빠서다. 무시당한 기분, 그런 대우를 받으며 내 돈을 쓸 이유가 없다는 생각. 사람들은 누군가에게 특별한 대우를 받고 싶고, 늘 환영받고 싶은 욕구가 있다. 신혼 초 남편이 출근할 때 "여보, 잘 다녀오세요" 하고 상냥하게 배웅하고, 퇴근할 때는 버선발로 뛰어가 목을 끌어당기며 환영해 주던 때가 있었던 것과 마찬가지다. 자녀를 처음 초등학교에 보내고 노심초사 기다리다 돌아오는 발걸음 소리에 뛰쳐나가 "우리 강아지 학교 잘 다녀왔어?" 하고 와락 안아 주던 때도 있다. 하지만 어느덧 그것도 흔한 일상이 되어 가족 중 누군가가 들어오든 나가든 과거의 그 환영과 대우를 주고받던 모습은 사라져 간다.

이런 사소한 일상부터 바꿔야 한다. 매일 보는 사람이지만 소중한 가족이고 누구보다 특별하고 환영받아야 할 사람들이다. 매일 보더라도 오랜만에 만난 친구처럼 반겨야 한다. 거기에서부터 작은 변화는 시작된다.

오늘부터 가족이 들어오면 하던 일을 멈추고 다가가 활짝 웃으며 인사를 나눠 보는 것에서부터 시작하자.

• 초인종 소리가 나면 하던 일을 멈추고 환한 표정과 상냥한 음성으로 가족을 맞이한다.

엄마가 잃어버린 것들 2 - 기억하라

나는 사람들의 얼굴을 잘 기억하는 편이다. 이름이나 만난 장소는 어렴풋해도 한번 본 얼굴은 잘 잊지 않는다. 얼마 전 영재들의 부모를 대상으로 강연을 했다. 토요일 오후 시간이라 부부, 자녀와 동행한 모습이 보기 좋았다. 늦둥이와 함께 온 중년 여성은 강의 중간중간 칭얼대는 아이를 안고 강의실 뒤쪽에 서서 경청하는 열정적인 모습을 보였다. 강의를 마친 뒤 나가려는데 내내 아이를 안고 경청하던 엄마가 아직도 자리를 떠나지 않고 아이를 재우고 있었다. 적극적으로 참여해 준 그녀가 고맙기도 하고 안쓰러워 보이기도 해서 한마디 건네려는 순간, 어디선가 본 듯한 얼굴이었다. 머릿속을 스치는 기억이 생생하게 수면 위로 떠올랐다. 그녀는 내 산후조리원 동기였다. 그때 그녀는 42세에 늦둥이를 봤다. 모유 수유가 어려워 어쩔 줄 모르는 초보 엄마들에 비해 너무 능수능란하게, 때로는 유머러스하게 수유실 분위기를 부드럽게 만들어 준 사람이었다. 그때의 기억을 나열하니 그녀가 고마워했다. 자기를 기억해 준 것에 기뻐하던 그녀는 젊은 엄마들 사이에 끼여 있는 늦둥이 엄마로서 부끄럽고 불편했다고 말했다. 하지만 나는 그녀를 아주 멋있게 기억하고 있다.

자녀가 무심코 던진 이야기를 며칠이 지난 후 다시 한 번 언급해 본 적 있는가? 예를 들어 자녀는 시시콜콜하고 사소한 이야기나 고민들 혹은 친구들과의 갈등이나 관계 등을 지나가는 투로 종종 이야기한다. 그럴 때마다 일일이 해결해 주고 피드백해 주기 힘든 경우가 많다. 며칠이 지나 기억에 남아 있는 일들이 있다면 "이든아, 지난번에 예준이와 있었던 일은 어떻게 됐니?", "민서야, 너 그때 학교에서 선생님이 얘기한 것 잘 해결됐니?" 하고 물어봤을 때 자녀의 기분이 어떨까? 입장을 바꿔 며칠 전 당신이 남편에게 가볍게 했던 얘기를 기억하고 "여보, 당신 그 일은 잘 해결됐어?" 하고 물어오면 입가에 은은한 미소가 퍼질 것이다.

자녀가 큰 기대 없이 던진 이야기를 엄마가 기억하고 궁금해한다는 것이 곧 애정이고 관심이다. 이것은 어떠한 위로나 걱정의 말보다 강력한 신뢰 형성에 효과적이다.

- 자녀가 무심코 했던 말 중 기억나는 것을 떠올려 어떻게
  되었는지 물어본다.

엄마가 잃어버린 것들 3 - 공감하라

공감은 동정심과 다소 유사한 점이 있으나 차이가 많다. 동정심이란 자녀와 함께 느끼고 괴로워하며 연민의 감정을 교감하는 것이다. 공감은 엄마가 자녀의 입장이 되어 자녀의 감정을 느낄 수 있는 능력이다. 우리가 동정심이 없다고 생각하는 사람까지도 공감 능력은 있을 수 있다. 가령 요즘 자주 등장하는 어린이집 아동 학대 관련 뉴스를 접할 때 안타깝고 분노가 치밀고, 마치 피해 아동의 부모와 같은 마음으로 아파하는 것이 공감이다. 요즘 같은 사회에는 더욱 필요한 능력이고, 인간관계를 맺고 특히 자녀를 키우는 데 아주 중요한 요소다.

공감 능력을 향상시키는 가장 좋은 방법은 '역지사지'의 마음이다. 항상 입장을 바꿔 생각해 보려는 습관은 자연스럽게 상대의 마음을 헤아릴 수 있게 한다. 헤아린 마음은 반드시 언어로 표현해야 한다.

그로 인해 그 사람은 자신이 이해받고 있다고 느끼고, 나 또한 다시 한 번 그 사람을 이해할 수 있게 된다. 물론 여기서 중요한 것은 뉘앙스다. 같은 상황을 보며 감탄을 하면서도 뉘앙스가 어떠하느냐에 따라 그 감정의 폭이 다르게 느껴진다.

민우는 오늘 허기진 모양인지 동네에 있는 왕돈가스 집에서 그 큰 돈가스 그릇을 깨끗하게 비운다. 잘 먹는 모습을 보니 엄마도 뿌듯하다. 계산을 하고 나와 몇 걸음 지나자 기름기가 좔좔 흐르는 먹음직스러운 호떡에 시선이 끌린다. 달콤한 냄새가 코끝을 자극한다. 아니나 다를까 민우도 그 냄새를 맡고서는 말한다.

"엄마! 나 저 호떡 먹을래! 나 저 호떡도 사 줘!" 엄마는 평상시 같으면 한 개 정도는 사 줬을 테지만 그날은 거절한다. 좀 전에 고칼로리의 왕돈가스를 먹고 또 기름진 호떡을 먹으면 건강에 좋지 않을 것이라는 판단 때문에 "안 돼!" 하고 팔을 잡아끈다. 그러자 아이는 더 강하게 힘을 주며 사 달라고 떼를 쓴다. 이럴 경우 엄마 성향에 따라 다양한 반응을 보인다.

- 끝까지 "안 돼!"라는 말만 반복하며 집 방향으로 발걸음을 옮기는 엄마.
- 버럭 화를 내며 아이가 찍소리 하지 못하게 야단을 쳐서 상황을 종료시키는 엄마.
- 매우 이성적인 엄마. (톤과 표정의 흐트러짐 없이) "민우야! 뚝~ 엄

마가 길에서 이렇게 떼쓰는 건 아니라고 했지? 그리고 좀 전에 기름진 왕돈가스를 먹고 호떡까지 먹는 건 비만의 지름길이란다. 옳지 않아."

어떤 경우든 아이들이 순순히 상황을 받아들이기가 쉽지 않다. 오히려 더 떼를 쓰거나 불만 가득한 얼굴로 발걸음을 옮기게 된다. 이럴 때 자녀와 공감대를 형성해 보는 건 어떨까?

공감대는 동의와 다르다. 호떡을 먹어도 된다는 동의를 하는 것이 아니라 '엄마도 얼마나 먹고 싶은데 너도 그렇지?', '나도 너와 같은 마음이란다', '엄마도 사 주고 싶은 마음이 크다', '참 맛있어 보인다. 그치?' 등으로 공감대 형성을 할 수 있다. 이어서 아이가 조금 진정이 된 상태에서 "엄마 마음도 그렇지만 우리 민수가 좀 전에 이만큼이나 큰 돈가스를 먹고 또 이것까지 먹게 되면 몸에 해로울까 봐 걱정이야. 조금만 참자. 대신에 내일 엄마가 꼭 이 호떡 사 줄게. 응? 약속할게" 하고 이성적인 설명을 하면 어떨까? 이런 얘기에 엄마들은 이렇게 말한다. "저도 그렇게 해 봤어요. 그런데 오히려 더 떼를 쓰던걸요?" 많은 엄마들이 그렇게 해도 아이들이 떼를 쓴다고 말한다. 그런 엄마들에게 나는 이렇게 묻고 싶다. "정말 다음 날 아이와의 약속을 지키셨나요?" 대부분 그 순간의 위기를 넘기기 위해 달콤한 말로 아이들을 유혹하지만 그때가 지나고 나면 자연스럽게 무슨 일이 있었냐는 듯이 자녀와의 약속은 온데간데없이 사라진다. 공감은 자녀와 친밀한 관계를 넘어서 두터운 신뢰 관계를 형성하는 것임을 반드시 기억해야 한다.

준비 단계: 자녀 바로 이해하기

'티칭Teaching맘'에서
'코칭Coaching맘'으로

1

유형별로 본 엄마와
자녀 이해하기

칭찬이라고 다 고래가 춤추진 않는다

몇 해 전 인터넷 상에서 떠돌던 초등학생 시험지 사진 몇 장을 생각하면 아직도 입가에 미소가 떠오른다. 그들이 쓴 엉뚱한 시험 답안은 기발하고 센스가 넘친다. "할머니 생신입니다. 할머니께 드릴 카드를 예쁘게 그려 봅시다"라는 문제에 아이는 네모 사각형을 그리고 별을 그린 후 'OO카드'라는 특정 회사 이름이 적었다. 신용카드인 것이다. "식빵 한 면에만 버터를 바르는 이유는"이라는 질문에 아이는 "두 면 다 바르면 느끼하니까"라고 적었다. 4행시 짓기 문제에는 정말 기발하다 못해 그 아이가 궁금하기까지 하다. 4행시 주제는 '엄마, 아빠'였는데 아이가 작성한 글은 "엄 엄마는 / 마 마덜 / 아 아빠는 / 빠 빠덜"이라고 적었다.

만약 당신 자녀가 이렇게 작성한 답안지를 가지고 온다면 어떤 반응을 보이게 될까? 혹은 과거 우리 부모님에게 내가 이런 답안지를 가지고 왔다면 어떤 반응이었을까? 뭐 야단까지는 아니어도 한숨 섞인 한마디가 예상된다. 기억에는 없지만 나도 아마 이런 유형의 아이였던 것으로 보인다. 그래서인지 나는 이런 자녀들이 오히려 특별하게 느껴진다. 모르는 문제에 답을 쓰지 않거나 질문에 맞지도 않은 다른 공부한 내용을 쓰는 아이들도 있겠지만, 비교적 센스 있고 기발하지 않은가?

딱 떨어지는 정답을 써야 옳은 사회, 정답이 아니면 모두 틀렸고 잘못된 결과로 치부하는 사회에 우리는 살아왔고 지금도 살아간다. 만약 우리 자녀가 이런 답을 써 온다면 나는 이렇게 말하고 싶다.

"이든아! 너의 그 기발한 답변이 엄마는 무척 재미있단다. 어떻게 이런 생각이 났을까? 넌 정말 유머 감각이 있는 창의적인 아인 듯해. 그런데 엄마는 너를 인정하고 이해하지만 학교에서 원하는 답은 아니야. 그러니까 너의 그 유머러스함은 친구들이나 우리들하고 지낼 때에 잘 활용하고 시험에서는 학교에서 원하는 답을 쓸 수 있도록 좀 더 노력해 보는 게 어떨까?"

다음 과정에서 더 자세히 다루겠지만 우리 자녀들은 서로 다르다. 같은 배에서 나왔어도 첫째와 둘째가 다른 것처럼 다름을 인정하고 받아들여 그 유형에 맞게 대해 줘야 자녀와의 관계가 편안하고 발전이 있게 된다.

"칭찬은 고래도 춤추게 한다"라는 말이 한때 유행할 정도로 사람들은 칭찬이 중요하다는 것을 알고 있다. 하지만 자녀가 어떤 성향이냐에 따라 칭찬도 달리 해야 한다. 내성적이고 수줍은 성격인 자녀에게 친척들이 다 모인 장소에서 공개적이고 지속적으로 칭찬을 한다면 어떨까? 처음에는 좀 좋을 수도 있지만 이내 자녀는 짜증을 내거나 그만했으면 하는 마음이 생긴다. 반면 외향적이고 적극적인 성격의 자녀에게 공개적인 칭찬은 동기 부여가 되어 어깨를 으쓱하게 만든다. 그렇다고 내성적인 자녀에게 칭찬을 하지 말라는 말이 아니다. 방법을 달리해야 한다. 개인적으로 다가가 따뜻한 음성으로 조근조근 구체적으로 칭찬을 해 준다면 만족도가 높게 된다.

예를 들어 컵에 물이 반 정도 있다고 가정하자. 이것을 다양하게 표현할 수 있다.

컵에 물이 반이나 있네.

컵에 물이 반 있네.

컵에 물이 반밖에 없네.

컵에 물이 반이나 비었네.

컵에 물이 반 정도 비었네.

컵에 물이 반밖에 안 비었네.

어떤 사람들은 컵에 물이 얼마나 차 있는지, 어떤 사람들은 컵이 얼마나 비어 있는지 본다. 둘 다 '틀리게' 대답한 것은 아니다. 컵을 어떻게 보는가에 대한 답을 요할 때 컵에 대한 최초의 반응이 나타난다. 이와 같이 똑같은 사물을 보더라도 사람들마다 다양한 표현 방식과 생각이 있다. 다름을 그대로 인정하고 이해하는 것이 필요하다.

인간 행동 유형으로 가족 성향 파악하기

사람들은 태어나서부터 성장하여 현재에 이르기까지 자기 나름대로의 독특한 동기 요인에 의해 선택적 또는 일정한 방식으로 반복되며 하나의 경향성을 이루게 된다. 그에 따라 자신이 일하거나 생활하는 환경에서 아주 편안한 상태로 자연스럽게 그러한 행동을 하게 되는데, 우리는 이것을 행동 패턴Behavior Pattern 또는 행동 스타일Behavior Style이라고 부른다. 이러한 인식을 축으로 한 인간의 행동을 마스톤William Marston 박사는 주도형Dominance, 사교형Influence, 안정형Steadiness, 그리고 신중형Conscientiousness 네 가지로 분류하였다. 이 네 가지 행동 유형의 머리글자를 딴 것이 DiSC 행동 유형이다.

DiSC 유형을 파악하게 되면 자신의 강점을 발견하고 활용할 수 있게 된다. 또 자녀의 행동을 이해하고 효과적인 상호 작용을 할 수도 있다. 그리고 갈등 시 이해되지 않았던 자녀의 행동과 알 수 없는 엄마의 감정 변화를 인지함으로써 적절한 방법으로 문제 해결이 가능하다. 더 나아가 자녀의 학습 스타일까지 파악하고 지도할 수 있다.

물론 이 분류로 사람을 딱 나누는 것이 100퍼센트 맞는다고 단언

하기는 어렵지만 10여 년간 기업과 대학 등 현장에서 수많은 사람들을 대상으로 연수를 해 본 결과 유형별로 비슷한 패턴과 성향이 보이는 것을 확인할 수 있었다. 행동 유형을 구분하는 것은 유형을 통해 편견을 가지려는 것이 아니라 나의 성향을 파악하고 자녀의 유형을 이해함으로써 좀 더 원활한 대화가 이루어지고 편안한 관계를 형성하는 데 목적이 있다.

1999년 어느 날, 가족이 한자리에 모였다. 중요한 결정을 위한 자리였다. 각자 바쁜 일정을 뒤로한 채 오빠는 수원, 나는 서울에서 고향인 부산으로 달려왔다. 오랜만에 모인 가족이 단란한 저녁 식사를 마치고, 다과를 먹을 때쯤 아버지께서 조심스럽게 말을 꺼내셨다. 내용은 아버지 직장에서 미국을 장기간 갈 수 있는 일이 생겼다는 것이었다. 그것도 가족들과 다 같이 갈 수 있는 기회였다. 아버지는 오십 평생을 부산에서만 생활하셨고, 9시에 출근해서 6시에 퇴근했던 샐러리맨으로서는 꽤 큰 갈등이셨던 것 같다. 그리고 이제 어엿한 20대 성인이 된 우리를 존중해 주시는 아버지 모습도 느껴졌다. 장황한 아버지의 설명이 끝나기 무섭게 나는 "당연히 가야지!" 하고 외쳤다. 다른 가족들은 내 반응에 비해 별다른 반응이 없었다. 우리는 각자의 생각과 입장이 달랐다. 다음 대화를 살펴보자.

나: 이게 어떻게 찾아온 기회인데…… 남들은 가고 싶어도 못 가는데 우리는 얼마나 좋아. 가서 죽이 되던 밥이 되던 경험해 봐요. 한번

부딪혀 보는 거야.

오빠: 아영아, 그게 그렇게 쉽게 결정할 문제는 아니지. 우리가 어린애들도 아니고 지금 거기 가서 어떻게 살 건데. 그리고 말이 좋아 미국이지 한국 사람들 거기서 적응하려면 얼마나 고생해야 하는지 알고나 있어?

나: 어이구…… 오빠는 항상 그렇게 생각이 많으니 늘 결정이 늦지. 그리고 마음먹기 나름이지. 오빠는 지금까지 보면 항상 부정적인 쪽으로 먼저 생각하는 거 같아. 좀 긍정적으로 생각해 봐.

아버지: 너희들 의견은 일단 알겠고, 당신은 어떻게 생각해?

어머니: 아니…… 나야 뭐 가족들이 하자는 대로 따라야지. 근데 거기 가면 아는 사람들도 없고 적응하려면 힘들 텐데……. 지금 여기도 좋은데……. 그래도 가족들의 의견에 따를게요.

아버지: 당신은 항상 자기주장이 없어? '싫으면 싫다', '좋으면 좋다' 좀 확실한 입장을 보여 줘.

어머니: 그게 그러니까……. 난 그냥 애들이 좋은 게 제일 좋아요.

아버지: 어휴…… 일단 알겠어.

나: 망설일 게 뭐 있어? 평생 들어가 살자는 것도 아니고 흥미롭지 않아?

오빠: (버럭) 야! 너는 인생을 재미로 사니? 이 중요한 문제를 어떻게 그렇게 가볍게 생각해? 한국 사람들끼리도 말 안 통하면 답답한데 거기 가서 영어도 제대로 못해서 무시당하고 적응 못하고 하면 어

쩔 건데?

나: 배우면 되지! 난 오빠하고만 안 통하지 다른 사람들하고는 다 통
할 수 있겠다. 부딪혀 보지도 않고 지레 걱정부터지. 원······.

아버지: 그만해. 오케이, 알았어. 내가 좀 더 생각해 보고 결정내리도
록 할게.

이 대화를 보면 서로의 입장이나 태도가 확연히 다르다는 것을 느
낄 수 있다. 아버지는 자녀를 불러 모으고 대화의 흐름을 주도하며
가족들의 의견을 조율하고 협력하고자 하는 모습에서 사교적 성향
을 발견할 수 있다. 그리고 아들(오빠)은 새로운 상황에 비판적이고
약간 부정적인 태도가 느껴진다. 다양한 경우의 수를 생각하고 발생
하게 될 일에 대한 예상과 적절한 대안을 찾고자 노력한다. 그에 반해
딸(나)은 거침없고 미국이라는 새로운 환경에 호기심과 도전적인 모
습이 느껴진다. 또한 적극적이고 진취적인 느낌을 받는다. 마지막으
로 어머니는 결정하는 것에 부담을 가진다. 자기주장을 펼치기보다
다른 사람의 의견을 끝까지 경청하고 있다. 자신의 의견보다 상대방
의견에 따르겠다고 하고 조심스럽게 현재 삶에서의 변화를 두려워하
고 있음을 내비친다.

각자 기대 수준에 따라서도 서로 다른 유형으로 나뉘고 그 기대가
갈등을 발생시킨다. 우리 가족은 자신과 상대에 대한 기대 수준이 각
각 달랐다. 오빠는 신중형(높은 C유형)으로 이 행동 유형은 자신에 대

한 기대 수준도 높고 다른 사람에 대한 기대 수준도 높다. 이들은 모든 것을 완벽히 해야 한다고 생각해서 무엇을 결정할 때 생각이 많고, 준비 기간이 비교적 길다. 그래서 미국을 가게 된다면 그 지역에 대한 충분한 정보와 현지에서 어떻게 살아 나갈지에 대한 계획이 치밀하게 세워져야 하고 가능하다면 현지답사 등 충분한 준비가 필요한 유형이다. 그만큼 철두철미한 사람이다. 그렇기 때문에 지금처럼 예상하지 못한 일이 발생하는 것이 익숙하지 않다. 그리고 상대도 그렇게 되길 바란다. 아마 가는 것 자체에 대한 반대가 아닌 '돌다리도 두들겨 보고 건너자'의 마음이었을 것이다.

딸은 주도형(높은 D유형)으로 그녀는 상대에게는 높은 기대 수준을 가지고 있지만 자신에 대한 기대는 낮다. 이 말은 상대는 그렇게 해 주길 바라지만 자신은 상대의 기준에 맞추지 않는다. 그러다 보니 주장이 강하고 상대를 가르치거나 지시하는 모습이 보인다. 또한 신중형 오빠의 비판에 오히려 더 강하게 자신의 주장을 펼치게 된다.

반면 엄마는 안정형(높은 S유형)으로 딸과는 대조적이다. 자신에 대한 기대 수준은 높지만 상대에 대한 기대 수준은 낮다. 이들은 늘 상대에게 맞추고 잘하려고 하는 반면 상대방에게 그것을 요구하지는 않는다. 그래서 늘 배려심 있고 양보하는 모습을 보인다. 여기서도 다른 가족들의 의견을 잘 듣고 수용하는 태도를 보이며 자신의 생각은 최소한으로 줄이고 흐름에 따르고자 노력한다.

상대적으로 유형이 잘 드러나지 않았지만 아버지는 사교형(높은 I 유형)으로 상대와 나에 대한 기대가 둘 다 낮게 나타난다. 변화에는 우호적·적극적이며 환경과 상황에 대해서도 유연성을 가지고 있다. 또 상호 의존적 자세로 자신의 의견을 주장하면서도 전체적인 상황과 환경 그리고 가족들의 의견을 조율하고자 노력하는 모습이 엿보인다.

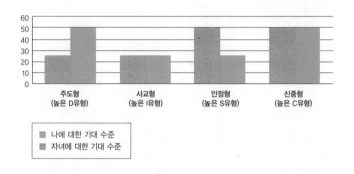

DiSC 진단 설문지

문항을 읽고 우선 순위를 정한다.

　예) 매우 해당된다(5) 해당된다(4) 해당될 때도 있고 그렇지 않을 때도 있다(3) 해당되지 않는다(2) 매우 해당되지 않는다(1)

	D	I	S	C
1	직선적이다	열정적이다	수동적이다	주의 깊다
2	고집이 세다	사교적이다	친절하다	예의 바르다
3	지배적이다	설득력 있다	협조적이다	분석적이다
4	대담하다	충동적이다	충실하다	빈틈없다
5	요구가 많다	감정적이다	차분하다	자제력 있다
6	경쟁의식이 강하다	자신을 내세우는 편이다	소유욕이 강하다	완벽주의자이다
7	독립적이다	신뢰하는 편이다	만족하는 편이다	정확한 편이다
8	모험심이 강하다	상냥하다	느긋하다	관습적이다
9	결단력 있다	영향력 있는 편이다	신중하다	체계적이다
10	자신 있다	관대하다	나서지 않는다	사실 중심적이다
11	솔직하게 말한다	다정하다	변화가 적다	통찰력 있다
12	도전한다	매력 있다	온건하다	조심성 있다
13	주도적이다	표현력 있다	남 의견에 잘 동의한다	사려 깊다
14	확고하다	격려한다	순응한다	내성적이다

15	용감하다	명랑하다	호의적이다	자신을 잘 드러내지 않는다
16	의지가 강하다	놀기 좋아한다	생각이 깊다	세밀하다
17	완고하다	활기 있다	유순하다	자제력 있다
18	강인하다	재치 있다	온화하다	내향적이다
19	지시한다	즐겁다	너그럽다	점잖다
20	변화를 추구한다	호소력 있다	우호적이다	정교하다
합계				

숫자의 합계가 가장 높게 나온 것이 1차 유형, 두 번째로 높게 나온 것이 2차 유형이다.

1차 유형 (　　　) 2차 유형 (　　　)

DiSC로 본 네 가지 성향의 장단점

자신의 성격 유형을 가장 잘 설명해 주는 것이 무엇인지와 함께 각 유형의 특징을 알려 주는 내용을 다시 요약해 보자.

주도형(높은 D유형)의 특징

강점	관리력, 추진력
약점	참을성 없음, 비정함
싫어하는 것	우유부단함
목표	생산성, 통제
두려움	강요당하는 것
동기 부여	승리

사교형(높은 I유형)의 특징

강점	설득력, 다른 사람과의 상호 작용
약점	조직적이지 못함, 무신경함
싫어하는 것	반복되는 일
목표	인기, 칭찬
두려움	명성을 잃는 것
동기 부여	인정

안정형(높은 S유형)의 특징

강점	봉사, 남의 말을 잘 들어줌
약점	지나친 민감함, 우유부단함
싫어하는 것	무신경함
목표	수용, 안정성

두려움	급격한 변화
동기 부여	유대감

신중형(높은 C유형)의 특징

강점	기획, 분석
약점	완벽주의, 지나친 비판
싫어하는 것	불가측성
목표	정확성과 철저함
두려움	비판
동기 부여	진보

유형별 엄마 스타일

엄마만 믿어, '주도형 엄마'

텔레비전 채널을 돌리다 예쁜 외모의 교복 입은 여학생에게 눈길이 멈췄다. '동상이몽'이라는 제목의 텔레비전 버라이어티 프로그램으로 일반인 출연자들의 심각한 가족 갈등을 예능 출연자들과 재미있게 풀어 나가고 있었다. 텔레비전 상단에는 '1등 하려면 올인 해야 해 VS 코치가 아니라 엄마가 필요해'라고 되어 있었다. 출연한 딸은 어릴 때부터 무용을 했다. 그녀는 1등만 바라는 엄마 때문에 숨이 막혀 출연했다고 고백하고 있었다. 그녀는 현대무용으로 국내외 대회에서 수상하며 큰 활약을 펼치고 있다. 하지만 그녀의 엄마는 하루에도 몇 번씩 몸무게를 재 보라고 다그치고 그녀를 엄하게 대한다. 특히 체중 조절이란 이유로 식사를 제한하는 모습에서는 보는 나까지 숨이 막힐 것 같았다. 그녀는 각종 대회에서 우승을 휩쓸면서도 유독 엄마에게는 칭찬을 받아 본 적이 없었다. 엄마는 1등을 해도 좀 더 잘하라고 채찍질하고 한시도 휴식을 허락하지 않으면서 근력을 더 키워야 한다고 쉼 없이 감시와 간섭을 반복한다.

이런 상황을 보고 패널들은 양쪽 입장으로 나뉘어 논쟁을 벌였다. 농구 선수 서장훈 씨만이 딸의 입장이고 다른 패널들은 엄마 입장이었다. 서장훈 씨는 그녀의 엄마에게 이렇게 말했다. "어머님이 현아가 잘되길 바라신다면, 그래서 앞으로 세계적인 무용수가 되어서 이름을 떨치길 바라신다면 일단 그냥 내버려 둬 보세요. 현아가 정말 '잘 될 사람'이라면 혼자 내버려 두어도 얼마든지 잘 해낼 거예요. 만약 혼자만의 의지로는 안 돼서 계속 살이 찌고 무용도 점점 못하게 된다면 그건 어차피 '안 될 사람'인 거예요!" 이에 '부모팀' 패널들은 고개를 절레절레 저었다. 패널 중 한 명은 어느 프로 골퍼 사례를 들었다. 그 프로 골퍼 엄마는 경기 도중이라도 아들의 샷이 좋지 않다고 생각되면 경기장으로 들어가 아들의 뺨을 때린다는 것이다. 그만큼 열정적으로 관심과 뒷받침해 주는 부모가 있기에 자식의 성공이 있다고 말한다. 그러자 서장훈 씨가 반박했다. "그 선수가 우승을 한 것은 그만큼 실력과 운이 있었기 때문이지, 어머니한테 따귀를 맞아서가 아니에요. 그것은 단지 마음의 큰 상처가 될 뿐이죠!" 양측 패널들의 팽팽한 의견은 반박에 반박을 거듭했다. 이 프로그램에 출연한 엄마는 확실히 높은 주도형 특징을 보였다. 주도형 엄마의 특징은 아래와 같다.

- 자아가 강하다.
- 목표 지향적이다
- 도전에 의해 동기 부여가 된다.
- 통제권을 상실하거나, 이용당하는 것을 두려워한다.
- 무언가로부터 압력을 받을 때 다른 사람의 견해, 감정들을 별로 고려하지 않을 수 있다.
- 책임을 맡고 남에게 지시하기를 좋아한다.
- 자신감에 차 있다.
- 용감하게 도전할 기회를 찾는다.
- 목표를 이루고 싶어 한다.
- 경쟁심이 강하다.
- 변화를 주도한다.
- 눈치 보지 않고 솔직하게 말한다.

주도형 엄마의 장점은 소신과 뚜렷한 주관을 가지고 목표를 향해 끊임없이 동기 부여를 할 수 있다는 것이다. 단점은 엄마의 뚜렷한 주관으로 인해 자녀의 의견이나 입장을 들으려 하지 않고 엄마의 생각이 옳다고 확신하고 따라오길 바라는 점이다. 그로 인해 목표한 지점에 도달하여 성취감을 얻을 수는 있겠지만 자녀의 유형에 따라서는 엄마의 기대에 미치지 못해 자존감이 떨어지거나 엄마의 눈치를 보게 된다. 또 엄마의 주도성이 강하여 자녀의 주도성이 무시되어 의존적으로 바뀌거나 결정 장애를 겪게 될 수도 있다.

즐겁게 살자, '사교형 엄마'

강의 중 교육생으로 만나 지금까지도 언니, 동생하며 지내는 희경 씨는 높은 사교형이다. 그녀가 있으면 강의실 분위기는 언제나 생기 넘친다. 강사 질문에도 적극적으로 반응하고 발표도 어려움 없이 한다. 교육 중 그녀에게 손 편지도 받고 수료 즈음에는 직접 만들어 예쁘게 포장한 비누도 선물 받았다. 이후에도 자연스럽게 차 한 잔 나누는 관계로 발전했다. 그렇게 상냥하면서 낙관적인 그녀에게도 고민 아닌 고민이 있었다. 그녀는 자녀와 건강한 관계와 발전적 양육을 위해 교육도 많이 받아 웬만한 내용은 직접 강의를 해도 될 수준이었다. 그런데도 계속 새로운 교육을 찾아다니는 이유가 있었다. 자녀들과 친구 같은 엄마로 잘 지내고 싶은데 순간순간 자신의 감정에 따라 양육 태도가 달라진다는 것이다. 아이와 가끔 요리도 하고, 더운 여름이면 물총을 들고 나가 온몸이 흠뻑 젖을 정도로 뛰어 놀기도 하고 같이 그림도 그리고 음악을 틀어 놓고 춤도 춘다고 한다. 듣는 내내 엄마의 역할에 최선을 다하는 느낌을 받았다. 그런데 어느 순간 화가 나면 자신도 모르게 아이들을 몰아세우고 야단치고 눈물, 콧물을 쏙 뺀다는 것이다. 그러고 나면 돌아서서 미안한 마음에 아이들을 부여잡고 울기도 여러 번이라고 한다. 그녀의 적극성과 열정, 자녀와 관계에서 사교형의 모습을 볼 수 있다. 사교형의 특징은 다음과 같다.

- 낙관적이다.
- 사람 지향적이다.
- 사회적 인정에 의해 동기 부여가 된다.
- 사람들로부터 배척당하는 것을 두려워한다.
- 어떤 압력을 받으면 체계적으로 일을 처리하지 못할 수도 있다.
- 친구들과 어울리는 것을 좋아한다.
- 감성적이다.
- 이야기하기를 좋아한다.
- 파티나 모임을 좋아한다.
- 밝고 긍정적이다.
- 자발적이다.
- 남에게 인정받고 칭찬받는 것을 좋아한다.

사교형 엄마는 칭찬에 능숙하기 때문에 자녀와 정서적 교감을 이룰 수 있다는 것이 장점이다. 단점은 주변 엄마들 이야기에 쉽게 흔들리고 자녀보다 본인이 더욱 조바심이 생겨 이성적 대처를 하지 못하게 될 수 있다는 점이다. 그러다 보니 이것저것 다양하게 시키기도 한다. 이성보다는 감정이 앞서 양육 태도에 일관성이 없거나 감정에 치우치게 되는 경우가 잦다. 이것은 자녀에게 혼란을 주기도 하고 자녀의 감정에도 영향을 미칠 수 있다.

변화는 싫어, '안정형 엄마'

내가 만난 엄마 중에 참 선하고 성실한 한 사람이 기억난다. 그녀는 수업 내내 집중해서 강의를 듣고 꼼꼼히 메모하는 모습에 개인적인 호감이 갔다. 하루는 강의를 마치고 가방을 챙기고 있는데 그녀가 조용히 다가와 고민을 말했다.

"선생님, 저는 정말 우리 아이가 건강하게 친구들과 잘 지내고 큰 문제없이 학교 잘 다니기만 하면 더 바랄 게 없어요. 그런데 우리 큰애는 저랑 다른 것 같아요. 학교에서 열리는 대회 같은 데 나가서 상을 받아 오지 못하면 무서울 정도로 화를 내요. 그래서 제가 '괜찮아, 아라야. 꼭 상을 받아야만 의미 있는 게 아니니 너무 연연해하지 마'라고 해도 다음번에는 꼭 우승할 거라고 눈빛이 바뀌는 걸 보면 가끔 무섭기도 해요. 이런 아이들은 어떻게 코칭해야 하죠?"

주도형 엄마가 듣게 된다면 '무슨 행복한 고민'이냐고 할 수도 있을 것이다. 하지만 안정형 엄마에게는 자녀의 도전적이고 진취적 모습이 좀 부담스럽고 힘들 게 느껴질 수 있다.

안정형 엄마의 특징은 아래와 같다.

- 체계적이고 일관성 있다.
- 팀(가족) 지향적이다.
- 현재의 상태를 유지하는 것에 동기가 부여된다.
- 변화하는 것을 두려워한다.
- 압력을 받으면 지나치게 양보할 수 있다.
- 변함이 없고 인내심이 많다.
- 반복적인 일에 편안함을 느낀다.
- 정해진 순서대로 일을 한다.
- 협동심이 강하다.
- 다른 사람들을 도와주려 한다.
- 사람들의 관심 대상이 되는 것을 좋아하지 않는다.
- 다른 사람과 사이좋게 지낸다.

이 엄마 유형의 장점은 큰 욕심 없이 자녀의 바른길을 위해 지지하고 기다릴 줄 안다는 것이다. 반면 변화를 싫어하므로 한번 선택하면 끝까지 그 방법을 바꾸려 하지 않는다. 그러다 보니 잘못된 방법을 고수하게 되는 경우도 있다. 또 자녀는 욕심도 있고 하고 싶은 것이 많은데 그 능력을 개발해 주지 않을 수도 있다.

생각해 볼게, '신중형 엄마'

세헌이 엄마는 오늘도 이해할 수 없는 아들의 행동 때문에 골치가 아프다.

"아니, 내가 몇 번을 얘기해도 옷을 왜 저렇게 벗어 놓고 들어가는지 모르겠어요."

부모 코칭 중에 만난 세헌이 엄마는 아들에게 샤워하러 들어갈 때 옷을 좀 가지런히 벗어 놓고 들어가라고 몇 번이나 얘기했는데도 항상 욕실 입구에 너저분하게 흩트려 놓는 습관 때문에 고민이었다.

"선생님, 이런 상황에도 아이와 좋게 얘기해야 하나요?"

그녀는 이어서 이해할 수 없는 자녀의 행동들을 나열했다.

"분명히 6시까지 들어오겠다고 하면 들어와야 하잖아요. 그래서 전화해 보면 지금 들어온다고 하고 그렇게 한 시간이나 더 있다가 들어와요. 학원 다녀와서 바로 씻고 숙제하면 얼마나 좋아요? 그런데 애는 들어와서 하는 것 없이 빈둥거리다가 늦은 시간이 돼서야 허겁지겁 숙제 한다고 난리예요. 정말 이해가 안 가요."

신중형 엄마에게는 이런 모든 상황이 눈에 가시다. 나와 대화 중에도 그녀는 항상 "그게 가능할까요?", "글쎄요……" 같은 비판적 관점으로 상황을 보는 특징도 보였다. 그녀의 유형에서 충분히 나올 수 있는 반응이다.

신중형 엄마의 특징은 아래와 같다.

- 과업 지향적이다.

- 정확성과 품질에 의해 동기가 부여된다.

- 일이나 자신의 역할 등 비판에 대한 두려움이 있다.

- 무언가 압력을 받으면 지나치게 비판적이다.

- 하는 일에 높은 기준을 설정한다.

- 세부 사항에 주의를 기울인다.

- 매우 성실하게 노력한다.

- 신중하고 조심성이 있다.

- 행동하기보다는 생각한다.

- 느낌보다는 사실을 중시한다.

- 논리성과 분석력이 뛰어나다.

- 일을 올바르게 하는 방법을 알고 싶어 한다.

이 유형의 엄마는 자기만의 원칙을 가지고 소신껏 자녀를 양육한다. 하지만 상황 변화에 유연하게 대처하지 못하거나 높은 기준을 제시하며 그 기준에 맞추기를 바란다. 또한 자기 신념이 확고하여 다른 좋은 기회를 놓치게 될 가능성도 있다. 이들은 원리 원칙을 중요하게 생각하기 때문에 논리적으로 이해가 되어야 한다. 하지만 그로 인해 유연성이 부족하다는 느낌을 받을 수 있다.

자녀 유형별 코칭 전략

DiSC 행동 유형은 인간이 갈등과 마주했을 때를 바탕으로 주로 해석한다. 가족 간뿐 아니라 만나는 많은 이들과 갈등은 끊임없이 존재한다. 그 안에서 사람들은 환경을 어떻게 인식하는지 그 환경 속에서 개인의 힘을 어떻게 인식하는지에 따라 네 가지 형태로 분류한다.

먼저 자신을 환경보다 강하게 보면서 환경을 경쟁적·적대적으로 보고 독립적이면 주도형이다. 다음으로 자신을 환경보다 강하게 보는 것은 주도형과 동일하나 환경을 지원적·호의적으로 보고 상호 의존적이라면 사교형이다. 안정형은 환경을 지원적·호의적으로 보고 상호 의존적이라는 점에서는 사교형과 동일하나 자신을 환경보다 약하게 보고 내성적인 측면에서는 주도형과는 반대다. 마지막으로 신중형은 자신을 환경보다 약하게 보면서 내성적인 면은 안정형과 동일하지만 환경을 경쟁적·적대적으로 보며 독립적이라는 점에서는 주도형과 같다.

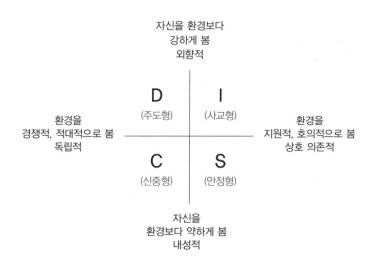

판단하고 결정하는 속도와 우선순위에 따라서도 행동 경향이 달라지는데, 주도형과 사교형은 빠른 속도를 가지고 있는 반면 안정형과 신중형은 판단하고 결정하는 데 속도가 느린 편이다. 그리고 주도형과 신중형이 과제(일)이 우선순위라면 사교형과 안정형은 사람(관계)이 우선순위다.

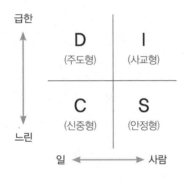

수희는 방과 후 집에 와서 밀린 숙제를 하고 있었다. 원래 계획은 얼른 숙제를 마치고 학원을 다녀와서 오늘은 좀 일찍 잘 생각이었다. 그런데 같은 반 친구로부터 전화가 와서 "야, 너 지금 뭐 해? 오늘 영미 생일이라는 얘기 못 들었어? 애들 다 모였는데 넌 왜 안 와?"라고 했다고 치자. 이 상황에서 우리 자녀는 어떤 반응을 보일까?

주도형은 어떨까? 아마 숙제를 아주 빠른 속도로 끝내고 생일 모임에 참석할 것이다.

사교형은 어떨까? 하던 걸 멈추고 바로 뛰어나갈 것이다.

안정형은 어떨까? 엄마한테 어떻게 해야 할지 물어볼 것이다.

신중형은 어떨까? 숙제를 꼼꼼히 마치고 시간을 봐서 참석 여부를 결정할 것이다.

유형별로 이렇게 다른 우리 자녀들을 어떻게 코칭해야 더욱 발전적으로 성장할 수 있을지 살펴보자.

주도형 자녀와 대화할 때

- 주도형 자녀와는 큰 그림에 대해 먼저 말하고 세부 사항을 말한다.
- 상대를 유도하거나 통제하려 들지 않는다.
- 목표가 정해지면 과정은 아이에게 맡긴다.
- 브레인스토밍을 통한 새로운 아이디를 발견하도록 한다.
- 짧고 빈번한 만남을 가진다.

도와줄 점

- 결과와 함께 과정도 점검하도록 한다.
- 다른 사람의 감정도 살필 수 있도록 한다.
- 행동에 앞서 조금 더 깊이 생각하도록 한다.

질문법

- 핵심만 간결하게 질문한다.

- 원하는 수준과 결과를 명확히 표현하게 한다.
- 결론, 결과부터 시작할 수 있도록 한다.
- 각 질문이 코칭의 큰 그림 안에서 어떤 연관성이 있는지를 분명히 한다.
- 과거보다는 미래, 가능성에 초점을 맞춘다.

긍정적 피드백
- 외적인 결과물을 중심으로 한다.
- 목표가 달성된 순간에 한다.
- 자주하기보다는 진심을 다해 칭찬한다.

발전적 피드백 방법
- 단도직입적으로 피드백한다.
- 변화한다면 얼마나 성과를 올릴 수 있는지를 언급한다.

사교형 자녀와 대화할 때

- 자녀에 대해 먼저 말하고 다른 사람들에 대해 말한다.
- 코칭의 결과에 대한 꿈을 먼저 상상하게 한다.
- 아이의 성공담을 말하게 하고 이에 동의한다.
- 사교적이고 자유로운 내용을 가미하여 코칭한다.
- 포커스를 자녀에서부터 시작해서 다른 사람으로 확산한다.

- 빈번하게 만난다.

도와줄 점
- 피드백 시 문제를 회피하지 않도록 한다.
- 실행을 계획화, 구조화하도록 한다.
- 시간을 명확히 정하고, 중간중간 점검을 통해 진행 상황을 살펴본다.

질문법
- 대화 주제 이외에 대해서도 폭넓게 질문한다.
- 생각나는 대로 아이디어를 말해 보도록 한다.
- 강점, 좋은 점부터 대화를 시작한다.

긍정적 피드백 방법
- 자녀의 모든 것에 대해 다소 과장적으로 표현해도 좋다.
- 감탄사를 적절하게 사용한다.
- 사교 능력, 언변, 긍정적 태도에 대해 열정적이고 공개적으로 자주 칭찬한다.

발전적 피드백 방법
- 부정적인 영향력에 대한 언급을 최소화하고 변화가 미칠 영향

력에 중점을 둔다.

· 논리적, 구체적인 설명보다는 비전을 제시한다.

안정형 자녀와 대화할 때

· 다른 사람들에 대해 먼저 말하고 자녀에 대해 말한다.

· 자녀의 공헌도를 충분히 인정한다.

· 자녀를 지지하고 있음을 알게 한다.

· 말하고 질문할 수 있는 충분한 시간을 제공한다.

· 비공식적으로 꾸준하고 편안하게 토론할 기회를 제공한다.

· 협업, 조화에 대한 가치를 인정한다.

· 규칙적으로 만나고 한 번에 충분한 시간을 가진다.

도와줄 점

· 일상에서 사람 외에도 활용 가능한 자원을 활용할 수 있도록 한다.

· 목표에 대한 실행력의 속도를 점검하도록 한다.

질문법

· 완곡하고 부드러운 표현을 사용한다.

· 아이가 대답할 때 특히 적극적인 경청이 필요하다.

긍정적 피드백 방법

· 과정에 대해 세밀하게 수시로 칭찬한다.

· 행동의 결과가 다른 사람들에게 미칠 영향력을 중심으로 표현
한다.

· 다른 사람들과 성과를 내고 있음을 칭찬한다.

발전적 피드백 방법

· 아이의 변화에 대해 코치가 지원할 것이라는 사실을 명확히 표
현한다.

· 인간적인 가치와 업무 수행 상의 문제를 분리하도록 한다.

신중형 자녀와 대화할 때

· 논리적, 체계적으로 접근한다.

· 디테일한 것, 높은 수준에 대한 신뢰성을 보여 준다.

· 세부 사항에 대해 먼저 말하고 큰 그림을 말한다. 결과보다는
경과, 근거, 사실을 먼저 이야기한다.

· 아이가 반응할 충분한 시간을 준다.

· 개인적, 감정적인 일들에 성급히 개입하지 않는다.

· 빈번한 만남보다는 한 번에 충분한 대화 시간을 갖는다.

도와줄 점

· 사고의 폭을 넓히고 다양성을 인정하는 안목을 기른다.

· 자신에 대한 감정이나 기분을 수시로 표현하도록 한다.

· 함께할 수 있는 일들을 빈번하게 늘일 수 있도록 한다.

질문법

· 범위를 좁혀 구체적으로 질문한다.

· 질문할 내용을 미리 알려 준비할 시간을 주면 좋다.

긍정적 피드백 방법

· 구체적으로 어떤 부분이 좋았는지 명확하게 짚어 준다.

· 자녀의 전문성에 초점을 두고 표현한다.

· 간결하고 진심 어린 칭찬을 한다.

발전적 피드백 방법

· 기대 사항을 체계적이고 상세하게 알린다.

· 급격한 변화를 요구하지 않는다.

· 목적을 명확히 한다.

엄마와 아이의 유형별 갈등 사례

열정맘 사교형 엄마 vs. 순하디 순한 안정형 자녀

최근 고등학교 동창회 이후로 가끔 연락하며 지내는 친구로부터 전화가 걸려 왔다. 아들 둘을 가진 엄마로 자칭 모성애가 강한 친구였다. 친구는 살짝 격양된 음성으로 자문을 좀 구해야겠다고 말했다. 고민 내용은 네 살짜리 둘째 아들이 또래 무리에서 너무 양보만 한다는 것이었다. 자기가 가지고 놀던 걸 친구가 가져가면 떼를 써서 되찾기는커녕 오히려 다 가지고 놀 때까지 가만히 기다리고만 있는 게 속상하다고 했다. 게다가 친구가 얼굴에 장난감을 던졌는데도 화를 내지 않는 모습에 결국 그녀는 폭발했다. 다른 엄마들과의 관계 때문에 그 자리에서는 내색도 못하고 급하게 먼저 일어나 나왔다고 한다. 그리고 집에 오자마자 둘째를 앉혀 놓고 야단쳤단다. "얘! 김진수. 친구가 네 걸 막 빼앗아 놓고 자기 건 빌려주지도 않는데 너는 왜 매번 당하고만 있어? 그리고 얼굴에다가 물건을 던졌는데 넌 기분도 안 나빠? 엄마가 얼마나 속상한 줄 알아? 어이구 내가 정말 못살아. 속상해서 미치겠네." 수화기 너머선 진수가 흐느끼며 우는 소리가 들렸다.

누구나 아마 한번쯤은 경험할 수 있는 상황이다. 이럴 때 참 난감하다. 그 자리에서 상대 아이를 콕 쥐어박고 싶어도 그럴 수 없고 우리 애가 그냥 당하는 것만 같아 모임에 나가기 싫어질 때도 있다.

고민을 상담한 친구는 외향적인 유형이다. 말도 참 재미있게 잘하고 자기 의견도 가감없이 표현한다. 싫고 좋음이 확실하고, 친구들 사이에서는 꽤 매력 있는 분위기 메이커 역할을 한다. 그래서인지 그 친구를 다른 친구들도 잘 따른다. 직장 생활을 한다면 꽤 리더십 강한 팀장 역할이 어울리는 캐릭터이다. 아마 그 친구는 자립심이 강하고 자기와 비슷한 성향의 첫째보다는 순하디 순한 둘째 아들에게 좀 더 손길이 갔을 것이다.

친구 아들의 타고난 기질은 무척 순하다. 이기는 것보다는 평화를 선호하며 갈등보다는 화합을 좋아하는 유형이다. 우리도 평소 형제자매 간에 모든 걸 서로 양보하고 나눠 쓰고 사이좋게 지내야 한다는 가르침을 배우며 자랐다.

잠시 모두가 이 아이가 되어 기분을 상상해 보자. 울고 있는 친구 아들 진수는 지금 기분이 어떨까? 감정 단어를 떠올려 보자. 친구와 통화 당시 내가 떠올린 감정은 '혼란스러움'이었다.

"진희야, 나도 엄마인데 네가 속상한 마음을 왜 모르겠니? 매번 당하는 것같이 보이기도 하고 험한 세상에 혹시나 하는 마음도 들겠지. 그런데 지금 진수 기분은 어떨까?"

잠시 친구와 나 사이에 침묵이 흘렀다. 평소 우리는 친구들과 양보하고 사이좋게 지내라고 가르친다. 그런데 가끔은 어린 자녀에게 성인도 하기 힘든 상황별 대처법이 원활하기를 기대한다. 그러지 못한 아이의 행동에 화가 나는 건 누구의 마음에서부터일까? 친구에게 이어서 물었다.

"진희야, 네가 정말 원하는 진수 모습은 뭐야?"

이렇게 의도치 않게 스팟 코칭이 계속 이어졌다. 친구가 원하는 진짜 해답은 자신의 의견을 정확히 얘기하는 아이였다. 지금 아들의 모습과 반대인 빼앗고 떼쓰고 욕심내는 아이가 아니라, 그저 자신의 의견을 표현할 줄 아는 그런 아이를 원했다. 나는 한 가지 질문으로 대화를 마무리했다.

"그럼 진수에게 네가 해 줘야 하는 건 뭘까?"

친구가 대답했다. "내가 차분히 알려줘야겠지."

아이들도 골치가 많이 아플지 모른다. 어제 다르고 오늘 다른(?) 사교형 엄마들의 모습 때문에 말이다. 언제는 이렇게 하라고 하다가, 또 저렇게 하는 게 좋겠다고 하고, 같은 상황에서 지난주는 웃다가 이번 주는 화를 내기도 한다. 그래서 상황을 이성적으로 보려는 노력이 필요하다. 감정에 치우친 표현보다는 객관적으로 표현하고 사고하는 습관을 가져 보면 도움이 된다.

조근조근 신중형 엄마 vs. 자유로운 사교형 자녀

나지막한 음성으로 천천히 조근조근 자신의 생각을 조리 있게 전달하는 엄마가 있다. 그녀는 수업 중에도 구체적인 질문을 많이 한다. 처음부터 그랬던 것은 아니다. 초반 3~4회 차 교육까지는 조용히 앉아 수업만 듣는 수동적인 교육생이었다. 그런 그녀가 점점 코칭맘에 대한 호기심이 생긴 모양이다. 하루는 수업 중 자녀와 갈등 이슈를 공유하고 풀어 나가는 내용이 있었다. 그녀의 고민은 초등학교 아들이 샤워하러 가기 전에 옷을 거실 사방에 벗어 놓고 들어간다는 것이었다. 그리고 샤워 후 뒤처리를 안 해서 매번 그것 때문에 스트레스가 심하다고 했다. 그녀는 수없이 야단치고 잔소리를 해도 잘 고쳐지지 않아서 화가 머리끝까지 난 경우가 한두 번이 아니었다.

상담을 한 엄마는 물건이 제자리에 있지 않을 때 불편할 정도로 신경이 쓰이는 강한 C형(신중형)이다. 그런데 엄마와 정반대인 아들은 오히려 물건이 너무 정리, 정돈되어 있으면 불편한 I형(사교형)이다. 신중형인 엄마의 입장에서는 당연한 것들이 사교형 아들 입장에서는 그렇지 않다. 반대로 사교형 아들 입장에서는 엄마가 지나치게 칼같이 정확하고 인간미가 없다고 생각될지도 모른다. 그리고 그게 뭐가 그리 중요한 일일까 하고 이해하지 못할 수도 있다.

비슷한 예로 우리 친정엄마가 부엌 대청소를 하는 날이면 온종일 정신이 없었다. 싱크대 서랍장, 찬장할 것 없이 모든 물건을 밖으로 다 빼내고 나서 하나씩 넣는 방식으로 정리하다 보니 하루 종일 집 안이 복잡했다. 나는 반대로 한 군데 정리가 끝나면 또 다른 한곳을 정리하는 방식이 더 효과적이라 생각한다. 물론 아직도 서로 다른 그 부분은 해결되지 않았지만 이제는 인정하고 이해하려 노력한다. 그들도 내 과거와 같이 엄마는 엄마 방식이 옳다고 주장하고 아들은 크게 중요하지 않은 일을 엄마가 과민하게 반응한다고 받아들이고 있었다.

그녀에게 스스로 방법을 찾아갈 수 있게 간단한 스팟 코칭을 하였다. 그녀가 내린 방법은 아이가 옷을 담을 수 있는 바구니를 욕실 앞에 놔두는 것이다. 그리고 앞으로 그 안에 옷을 넣을 수 있도록 대화를 통해 아이와 약속하기로 했다. 만약 열 번 못하더라도 꾹 참고 한 번 잘했을 때를 포착해서 사교형의 동기 부여 수단인 칭찬을 통해 긍정 행동이 강화될 수 있게 하겠다고 다짐했다.

신중형 엄마와 사교형 자녀라면 엄마 기준에 못 미쳐도 '그럴 수도 있지' 하고 바라보며 긍정 행동을 유도할 수 있는 인내가 필요하다.

늘 괜찮은 안정형 엄마 vs. 이기고 싶은 주도형 자녀

승부욕이 강한 래은이라는 아이가 있었다. 아이는 미술 대회에서 꼭 우승하겠다고 마음먹고 출전했다. 그런데 우승을 다른 친구에게 빼앗겼다. 래은이는 우승한 작품이 자신이 그린 것보다 형편없어 보이는데 우승작이 된 게 억울하다고 생각했다. 아이는 분하고 끓어오르는 승부욕에 불타 그 억울함을 토로했다. 온화하고 수용적인 안정형 엄마는 이런 딸의 승부욕이 걱정이다. 엄마는 그런 래은을 따뜻하게 위로한다. "래은아, 물론 이번 미술 대회에서 우승은 못했지만 네가 최선을 다한 것이라면 그것도 값진 경험이야. 그리고 우승을 하지 않아도 네가 그림 그리는 것이 재미있다면 꼭 상을 받아야 하는 건 아니란다. 너무 우승에 연연하지 않았으면 좋겠어." 그런데 래은이는 의외의 반응이다. "엄마는 왜 내 마음을 몰라? 내가 꼭 상 때문에 그래? 아무튼 이번 시상은 엉망진창이라고." 래은이는 엄마의 위로가 못마땅한 듯 방으로 들어가 버린다.

만약 이런 래은이에게 위로를 해 주고 싶다면 오히려 더 큰 목표를 던져 주는 게 낫다. 예를 들면 이런 식이다. "이번 교내 대회가 아니라 교외에서 하는 큰 대회에 도전해 보는 건 어떨까? 거기서 네 실력을 제대로 발휘해 보는 거야. 엄마가 올해 시행하게 될 대회를 한번 알아볼 테니까 시험 기간이랑 겹치지 않는 방향에서 한번 준비해 보자. 어때?"

그러면 래은이는 새로운 목표와 도전에 다시 설레며 앞을 준비할 수 있다. 안정형 엄마의 말처럼 미술과 같은 창작을 잣대에 놓고 평가를 할 수는 없지만 주도형 딸의 입장에서는 중요한 부분일 수 있다. 만약 래은이의 지나친 승부욕이 걱정된다면 평소에 우승하지 못했을 때 어떤 모습이 멋지고 바른 모습인지를 알려 주는 훈련이 필요하다.

2

질문을 바꿔
코칭 문화를 조성하라

오늘부터 우리 집도 대화의 시간을 갖겠다?

중학교 때인 걸로 기억한다. 두 살 차이인 오빠와 나는 사춘 기 절정을 달리고 있었다. 서로 말도 없고, 마주치면 으르렁대기 바빴 다. 학교가 가까워 하굣길에 종종 마주쳐도 서로 남남인 듯 스쳐 지 나갔다. 집에서는 각자 방에 들어가 자신만의 세상에 갇혀 살았고, 식사 시간도 순식간에 밥만 먹고 각자 방으로 직행했다. 부모님이 말 을 거는 것도 짜증 났고, 그냥 내버려 뒀으면 하는 마음뿐이었다. 다 들 겪고 지나온 평범한 사춘기 모습이다.

하루는 아버지의 호출이 있었다. 우리 모습을 보시고는 심각하다 고 판단하신 듯했다. 아니면 우리가 사춘기를 좀 더 지혜롭게 겪어 나 가길 바라셨는지 '대화'를 청하셨다. "너희 다 나와 봐" 하고 부르는 아버지 음성에는 약간 격양된 느낌이 스며들어 있었다. 물 먹은 하마가 무거운 몸을 한 발짝 움직이듯 우리는 어렵게 자리에 앉았다. 엄마는 아끼는 예쁜 유리컵을 꺼내 주스 한 잔씩을 따라 놓으셨다. 싸늘한 기운이 맴도는 가운데 아버지가 첫마디를 꺼내셨다. "앞으로 우리 집도 민주적으로 주 1회 수요일마다 대화를 하겠다." 한마디가 끝나고 또 적막이 흐른다. 아버지가 이어서 말씀하신다. 시선은 오빠를 향한다.

아버지: 그래, 주병태. 너는 요즘 문제가 뭐야?

오빠: (오빠는 준비한 답변을 하듯) 문제없는데요.

아버지: 뭐? 문제가 없어?

오빠: 예, 없습니다.

아버지: 내가 봤을 때는 문제가 있는데? (한숨을 쉬신다. 문제가 있는데 말하지 않는 오빠가 답답하다는 투다. 이어서 시선은 나를 향한다)

아버지: 주아영. 너는 뭐야? 너 요즘 왜 그래?

나: (반사적으로) 제가 뭘요? 뭘 어쨌다고 이러세요?

아버지: (한숨 쉬시며) 아이고……. 내가 이럴 줄 알았다. 내가 어떻게든 잘해 볼려고 해도 너희 하는 것 보면 도대체가 답이 없다, 답이 없어. (결국 자리를 박차고 나가신다)

어머니: 너희들은 뭐라도 대답을 하지…… 쯧쯧쯧. (일제히 일어나 각자의 자리로 향한다)

지금 생각하면 아버지 의도는 감사하다. 아버지도 자식들과 가깝게 대화를 나누고 싶어 용기를 내어 시도한 자리였을 것이다. 일곱 살 때 할아버지를 여읜 아버지는 아버지 역할을 어떻게 해야 하는지 모르셨을 것이다. 롤 모델이 없었기에 방법도 모르는 일을 어렵게 시도하신 것이다. 지금은 이해가 된다. 그래도 조금은 아쉬움이 남는다.

딱딱한 돌에 바늘을 꽂으려 하면 바늘이 휘어지거나 부러진다. 반면 말랑말랑한 고무공에 바늘을 넣는다면 쑥 하고 들어간다. 자녀와 대화에서도 마찬가지다. 자녀의 마음이 말랑말랑한 고무공이 되어야 신뢰를 바탕으로 한 대화가 가능하다. 그렇게 되면 부모로부터 의견 수용도도 높아진다. 그런데 수년 동안 딱딱한 돌이 되어 버린 우리들에게 아버지 진심이 전달되기는 어려웠던 것 같다.

말랑말랑한 분위기는 하루아침에 생기는 게 아니다. 어제까지 무뚝뚝하던 부모가 교육 후 마인드를 바꿔 다음 날부터 갑자기 상냥하게 다가가려고 한다면 아이는 오히려 두렵거나 불편한 마음을 가질지 모른다. 그럴 경우 지금 당장 행동하기보다 먼저 그런 분위기를 만들어야 한다. 늦었다고 포기하지 말고 지금부터 시작하는 게 가장 빠르다. 생각해 보면 우리 아버지도 시도는 좋았으나 과거부터 말랑말랑한 분위기를 만드는 코칭 환경 조성에 취약하셨던 것 같다.

어릴 때를 떠올려 보면 나는 선생님이 심부름만 시켜도 자랑거리가 될 정도로 집에 오면 미주알고주알 할 말이 참 많았던 아이였다. 아버지가 퇴근하면 오늘 있었던 일을 하나하나 열거하며 자랑이 시작된다. 처음에는 좀 듣는 듯하시다가 아버지는 이내 피곤한 기색으로 한 말씀하신다. "어 그래. 아영아! 아빠 피곤하니까 엄마한테 가서 얘기해라." 나는 이내 어머니에게 달려가 같은 말을 또 반복한다. 같은 여자인 어머니는 아버지보다는 낫다. 청소, 설거지, 저녁 준비를 하면서도 가끔 반응을 보여 주신다. "어, 그래. 우리 아영이 잘했네. 앞으로도 그렇게 하면 돼." 그럼에도 나는 만족스럽지 않았다. 엄마의 시선은 청소기를 향해 있고, 행동은 분주하게 바쁘고, 뉘앙스는 건조했다.

내 잠재의식은 처음 뒤집기를 했을 때, 물건을 짚고 두 발로 섰을 때, 그리고 걷고 뛰기 시작하고, 엄마·아빠를 부를 때 그들의 찬사와 칭찬을 기억한다. 하지만 지금 부모님의 반응은 나를 실망시켰다. 결국 내 이야기를 부모님께 하는 게 점점 더 재미가 없어졌고 부모님과의 대화가 지루해졌다. 그 시점에 또래 친구들과는 대화가 잘 통한다는 걸 느낀다. 그들과의 시간이 너무 좋고 그렇게 초등학교 고학년이 되어 사춘기를 겪게 되면서 이미 나는 부모와 대화하는 방법을 잊어버렸다.

딱딱하게 굳어 버린 나를 갑자기 깨트려 부드럽게 만들기에는 부모님도 나도 어색할 수밖에 없는 게 당연하다. 어릴 때는 말을 많이 한다고 문제였고 나중에는 말이 없다고 답답해한다. 우리 아이들은 어느 장단에 맞춰야 할까?

인풋input이 있으니 아웃풋output이 있다. 부모가 자녀에게 좋은 약이든 나쁜 약이든 주입을 했기에 자녀 태도에 그대로 나오는 것이다. 어릴 때 말할 수 있는 분위기가 조성된다면 사춘기와 성인이 되어서도 부모와 소통이 원활하게 이루어질 수 있다. 부모와 대화가 즐겁게 느껴진다면 불통으로 인해 일어나는 심리적 스트레스나 갈등으로부터 벗어날 수 있게 된다.

이것만큼은 닮지 않았으면 하는 부모님의 사고, 가치, 행동, 습관, 말투 등도 커 가면서 내 삶 한구석에 자리하고 있다. 타고난 기질과 함께 환경적으로 학습된 모델링의 결과인 것이다. 그만큼 무대 위에 배우들이 연기하는 것을 청중들이 관람하듯 우리 자녀가 부모의 모습을 관람하고 있다는 것을 잊지 말아야 한다.

셀프 코칭

- 아이가 당신과 닮았으면 하는 점이 있다면 무엇인가요?
- 그 점이 실제로는 얼마나 닮았다고 생각하나요? 그 이유는?
- 절대 닮지 않았으면 하는 점이 있다면?

엄마와 아이의 미스매칭 대화

비가 부슬부슬 오는 평일 점심 시간 즈음이다. 그때쯤 되면 직장인들은 "오늘 점심 뭐 먹지?" 하고 메뉴 고민을 한다. 그 찰나 직장 동료가 "언니, 오늘 날도 이런데 따끈한 칼국수 어떠세요?"라고 할 때 "어, 굿 초이스" 하며 엄지를 '척' 든다. 노래방에서 친구와 듀엣을 하는데 그날따라 환상적인 화음으로 가수 뺨치는 노래 실력을 발휘했을 때 그 친구와 하나가 된 느낌을 받는다. 남편과 어떤 주제로 이야기를 나누던 중 나와 남편의 생각과 가치가 같다는 것을 알게 될 때 '역시'라는 마음이 든다. 갑자기 오래된 친구가 생각나 안부 전화를 하려는데 신기하게도 그 친구로부터 전화가 걸려 온다. 이 모든 상황에 우리는 '통'했다고 한다. '통'한다는 건 상대와 매칭되는 순간이다. 어린 시절 무슨 말을 하려던 순간 다른 친구가 동시에 그 말을 하게 되면 누가 먼저라 할 것 없이 '찌찌뽕' 하고 서로 신호를 준다. 그 역시 통한 것이다. '통'한다는 건 상대와 나를 밀접한 관계로 엮어 줄 수 있다. 길도 잘 통해야 교통 체증 없이 원활하고, 물도 이쪽에서 저쪽으로 잘 통해야 막힘이 없다. 혈액도 막힘없이 순환되어야 건강하듯 엄마와 자녀 사이에서도 잘 통通해야 통痛이 없다. 이를 위해서는 잦은 매칭이 필요하다. 잦은 매칭은 친밀감을 느끼게 한다. 그리고 친밀감은 곧 신뢰로 이어진다.

반면 미스매칭은 엇박자 스텝을 밟는 춤과 같다. 파트너와 4분의 3 박자의 왈츠 스텝을 연습해 오기로 약속했다고 가정하자. 그들은 각자 일주일간 연습한 후 주말에 만나 스텝을 맞춰 보기로 했다. 한껏 기대하고 드디어 파트너와 연습한 왈츠를 추려고 손을 맞잡았다.

그런데 만약 상대방이 연습을 하지 않았거나 왈츠가 아닌 차차차 스텝을 연습해 왔다면 웃지 못할 상황이 연출된다. 처음에는 헛발을 딛게 되고, 발이 꼬이고, 걸려 넘어질 것 같은 위기를 계속 만나면서 점점 상대와 춤을 이어 나가기 어렵게 된다. 결국 참다못한 한 사람이 "더 이상 당신과 춤을 출 수가 없겠네요" 하며 상대의 손을 놓고 돌아선다. 대화도 마찬가지다. 적당히 리드하며 자녀의 페이스를 맞출 때 대화가 즐겁게 느껴진다.

여기, 두 사람의 대화를 한번 살펴보자.

미스매칭 대화 예시

〈월요일〉

엄마: ○○야, 엄마가 옷 골라 놨어.

아이: 네, 고마워요.

〈화요일〉

엄마: ○○야, 오늘은 이 옷 입어.

아이: 네, 알겠어요.

〈수요일〉

엄마: ○○야, 오늘은 이 옷이 좋겠다.

아이: 네, 그렇게 할게요.

이 대화에서 늘 "네, 좋아요"라고 하는 아이는 정말 항상 좋은 걸까? 반대로 늘 아이의 옷을 골라 주는 엄마는 자기 뜻대로 하니까 항상 만족할까? 사실 엄마도 자녀도 둘 다 불만족스러울 수 있다. "응, 좋아"라고 늘 일관적으로 수용하는 자녀 입장에서는 '엄마는 어떻게 항상 엄마 마음대로 하지?' 또는 '왜 한 번도 내가 뭘 입고 싶은지 물어보질 않지?' 하고 불만일 수 있다. 또 늘 자기 의견을 내던 엄마도 속으로는 '옷 골라 주는 일이 얼마나 힘든데 어떻게 한 번을 자기가 먼저 나서질 않지?' 또는 '왜 내가 항상 이런 것까지 신경 써야 해?'라고 생각하며 불만을 가질 수 있다.

일방적으로 한쪽만 말하고 한쪽은 듣기만 한다면 양측 다 불만족스럽다. 주말에 가끔 카페에 가면 심심치 않게 맞선 자리를 목격한다. 얼핏 봐도 그들의 마음이 눈에 보인다. '저 커플은 잘되겠구나' 혹은 '저 커플은 금방 일어나서 나가겠네' 하는 차이는 대화하는 모습에서 나타난다. 한 커플은 적당히 남성이 리드하는 듯하면서 여성의 이야기를 끌어내고(질문) 적극적으로 반응을 보이며(경청) 또 자기 이야기로 공감하거나 상대를 칭찬(피드백)한다. 반대 커플은 한쪽만 이야기를 하고 다른 한쪽은 듣고만 있다. 심지어 궁금하지도 않은 회사 이야기, 자기 친구들 이야기를 한다. 소통이 잘되는 관계는 적당한 리듬을 타면서 탁구공이 탁구대를 순조롭게 핑퐁핑퐁 움직이는 것처럼 대화가 오고 가야 한다.

엄마: ○○야, 엄마가 옷 골라 놨어.

아이: 그래요? 근데 엄마, 오늘은 제가 생각해 둔 옷을 입고 싶은데…….

엄마: 그래? 뭔지 궁금하네…….

아이: 이거요. (등굣길에 적당하지 않은 듯한 옷)

엄마: 와, 화려한 옷을 골랐구나. 오늘 무슨 특별한 일 있니?

아이: 네, 오늘 제가 좋아하는 애 생일 파티 초대 받았어요.

엄마: 아, 그렇구나…… 그렇다면 오늘은 이 옷이 적당할 수 있겠다.

아이: 엄마가 봤을 땐 어때요?

엄마: 탁월한 선택이야. 확실히 돋보이겠는데?

　매칭을 잘하기 위해서는 의사소통에 대한 이해가 필요하다. 소통을 잘하는 엄마와 말을 잘하는 엄마는 다르다. 말은 스피치이고, 소통은 커뮤니케이션이다. 커뮤니케이션을 잘하는 사람은 표현할 수 있는 모든 수단을 적절하게 잘 활용하여 상대 감성까지 끌어낼 수 있어야 한다. 뉴스를 전달하는 앵커는 커뮤니케이션 능력보다는 스피치 능력이 우선되어야 한다. 그래서 뉴스에서 슬픈 소식을 접하게 되어도 정보(이성)를 받아들이는 것이 우선이지 마음이 동요되어 눈물이 나거나 감동을 받게 되는 경우는 드물다. 반면에 미국 유명 토크쇼 진행자였던 오프라 윈프리나 우리나라의 이금희 아나운서와 같은 경우는 스피치 능력보다 커뮤니케이션 능력이 탁월하다. 상대와 교감하고 감정을 주고받는다. 그 모습을 본 시청자들도 마음이 동요된다. 이 것은 메시지만으로는 불가능하다.

소통을 잘하는 엄마가 되기 위해서는 B(body), M(mood), W(word) 이 세 가지 조건이 적당하게 어우러져야 한다. 커뮤니케이션 대가로 알려진 앨버트 메라비언 박사Albert Mehrabian는 '언어verbal 비언어non-verbal 메시지의 상대적 중요성'에 대한 연구 결과를 출판하여 유명인으로 알려졌다. 그는 의사소통을 하는 데에는 시각적 요소, 청각적 요소, 말의 요소가 모두 작용하는데 각각 시각 55퍼센트, 청각 38퍼센트, 말의 내용이 7퍼센트로 나타난다고 했다. 대화에서 메시지 자체의 비중은 7퍼센트에 불과하고 시각적, 청각적 요소가 93퍼센트나 차지하는 것이다.

일상에서 대화를 하다 보면 흐름이 끊기는 경우가 있다. 아이가 신나게 오늘 학교에서 일어난 에피소드를 얘기하는데 엄마는 중요한 드라마 장면에 시선을 빼앗겨 귀만 열어 놓는다. 반면 출장에서 다녀온 남편에게 그동안 아이들과 있었던 일을 얘기하고 싶어 다가갔는데 남편은 스마트폰을 만지작거리며 무미건조한 음성으로 '어! 그래! 아!' 형식에 가까운 반응을 보일 때 결국 하던 말을 멈추게 된다. 그리고 한마디 한다.

"엄마, 내 말 듣고 있어?" 혹은 "여보! 당신 내 말 듣고 있어?"

대부분은 이런 질문에 공통적으로 답변한다. "어! 다 듣고 있어"라고. 잘 듣고 있는데 의심한 사람이 잘못된 걸까? 안 듣는 것처럼 보인

사람이 잘못된 걸까? 두말할 것도 없이 안 듣는 것처럼 보인 사람이 잘못된 것이다.

대화를 한다는 건 비언어적 요소를 활용해야 한다. 그중 55퍼센트나 차지하는 게 시각적 요소다. 하던 일을 멈추고 서로의 눈을 바라보고 적당한 몸짓이나 표정으로 상황에 맞게 반응하는 것, 상대를 향해 몸의 방향을 돌리고 눈높이를 맞춰 줄 때 우리는 몸으로 듣는다고 말할 수 있다. 그리고 청각적 요소를 사용해야 한다. 무드에 해당하는 말의 뉘앙스, 빠르기, 억양 등이 이에 속한다.

마지막으로 말의 내용이다. 대화 중에 자녀가 하는 말에 중요한 단어나 말을 중간중간 반복, 복창함으로써 자녀의 이야기를 잘 듣고 있음을 확인시킨다. 실제로도 중요한 걸 요약하며 다시 반복함으로써 엄마 스스로도 자녀가 이야기하는 것에 대해 쉽게 이해할 수 있다. 아래 두 가지 내용을 비교해 보자.

A 대화

자녀: 엄마, 오늘 학교에서 선생님이 영어 말하기 대회 나갈 사람 지원하라고 해서 나 지원했어.

엄마: 정말? 어, 잘했어.

자녀: 손드는 애들이 없어서 선생님이 추천하라고 했는데, 추천도 아무도 안 하기에 내가 용기 내서 손들었어.

엄마: 이야, 그래? 잘했네.

자녀: 근데 한다고 하긴 했는데 솔직히 좀 걱정은 돼. 다른 애들은 어
　　릴 때부터 영어 배우잖아. 외국에서 살다 온 애들도 있더라고…….

엄마: 그래? 괜찮아. 잘할 수 있을 거야.

📝 **B 대화**

자녀: 엄마, 오늘 학교에서 선생님이 영어 말하기 대회 나갈 사람 지원
　　하라고 해서 나 지원했어.

엄마: 정말? 영어 말하기에 지원했어?

자녀: 응! 손드는 애들이 없어서 선생님이 추천하라고 했는데, 추천도
　　아무도 안 하기에 내가 용기 내서 손들었어.

엄마: 이야, 네가 용기 내서 손들었다니 그것도 정말 훌륭하네.

자녀: 근데 한다고 하긴 했는데 솔직히 좀 걱정은 돼. 다른 애들은 어
　　릴 때부터 영어 배우잖아. 외국에서 살다 온 애들도 있더라고…….

엄마: 그래? 다른 애들 영어 실력이 우월할 것 같아서 걱정이구나.

(이하 생략)

　큰 차이가 없는 듯 보이지만 A 대화는 자녀의 호흡을 못 따라간다.
약간은 무관심한 듯한 모습이다. 아이를 걱정하며 잘되길 희망하는
듯 보이지만 아이 입장에서는 힘 빠지는 대화다. 반면에 B 대화는 지
속적으로 아이와 엄마가 열띠게 대화를 주고받고 있다는 것이 느껴
진다. 아이도 신이 나서 자신의 이야기를 무용담처럼 늘어놓는 장면

이 상상된다. 이처럼 서로 주고받으며 말할 맛이 나는 게 진정한 대화이다.

대화를 풍성하게 하는 공감 화법

출근 준비, 등교 준비에 바쁘고, 귀가 후에는 방으로 들어가 각자할 일에 몰두하는 가족의 모습은 아마 대부분의 가정에서 공감할 수 있는 일상적인 풍경이다. 얼마 전, 한 리서치 결과에 따르면 우리나라 가족의 하루 평균 대화 시간이 10분이 채 되지 않는다고 한다. 가까울수록 소홀해지기 쉽기에 가족 간에 친밀감을 형성하는 것이 더 어려운 게 현실이다. 그리고 막상 대화를 하려고 해도 대화가 길게 가지 못한다. 가까워서 그렇다기보다 방법을 몰라서일 수 있다. 그러다 모처럼 일찍 퇴근한 아빠가 자녀와 대화를 시도하고 싶어 말을 건다.

아빠: 그래, 우리 딸! 요즘 별일 없지?

딸: 응. 없어.

아빠: 새 학기인데 적응할 만하니?

딸: 뭐…… 그럭저럭.

아빠: 아픈 데는?

딸: 없어.

아빠: 아빠한테 뭐 할 말 없어?

딸: 별로…….

아빠: 그래…….

위 대화에서 어찌 보면 자녀의 태도가 바르지 않은 것처럼 보일지도 모르지만 사실 자녀 대답이 저렇게 나올 수밖에 없는 질문을 던진 것이다. 일상에서 부부끼리 대화도 마찬가지다. 코칭맘으로 거듭나기 위해 코칭 환경을 만들고자 한다면 가벼운 연습부터 해 보자. 다음은 자녀를 말랑말랑한 마시멜로 같은 상태로 만들기 위한 단계이다.

1단계: 질문을 한다.

2단계: 중요 단어를 복창한다.

3단계: 자기 코멘트를 붙인다(칭찬, 공감, 생각).

4단계: 다시 질문을 한다.

이 방식으로 대화를 할 때 중요한 건 앞에서 말한 BMW(Body,

Mood, Word)를 통한 태도(비언어적 요소)가 전제되어야 한다는 점이다. 그렇지 않으면 매우 기계적이고 부자연스러운 취조하는 듯한 대화로 역효과가 날지 모른다. 아래 대화를 살펴보자.

엄마: ㅇㅇ야, 이번 주에 단기 방학인데 뭐하고 싶어? (1단계)

자녀: 음, 글쎄…… 뭐하지? 그냥 집에 있을래.

엄마: 어…… 집에 있겠다고? (2단계)

자녀: 음…… 중간고사 준비로 피곤해서 잠이나 자고 싶어.

엄마: 아, 그렇구나……. 그래, 많이 피곤하겠다. 그러고 보니 이번에 열심히 하던데 피곤하겠네. (3단계)

자녀: …….

엄마: 그래도 며칠 쉴 수 있는데 하루 정도는 어디 다녀오는 게 어때? (4단계)

자녀: 그럴까? 그럼…… 한번 생각해 볼게.

엄마: 그래. 생각해 보는 게 좋겠다. (2단계)

자녀: 알았어.

엄마: 우리 딸이랑 같이 뭔가 할 걸 생각하니까 설렌다. (3단계)

자녀: ……. 그래? 엄마는 뭐하고 싶은데? (1단계)

엄마: 글쎄…… 난 너희들이랑 하는 거면 뭐든…….

자녀: 그래. 생각해 보고 얘기해 줄게.

일상적인 대화이지만, 대화가 이어질수록 어느 순간 자녀가 엄마와 같이 질문을 활용하는 시점이 바뀌는 걸 볼 수 있다. 조금 더 편히 자녀에게 다가가고 싶다면 우선 질문을 질문답게 던져 보는 연습부터 시작하자. 그리고 자녀가 답변을 하면 적당한 반응, 칭찬과 공감을 하고 자신의 생각을 최대한 긍정적으로 표현한다. 이어서 그와 관련된 또 다른 질문을 하면 대화의 양과 함께 질까지도 향상될 수 있다.

You message를 I message로

나는 여장부다. 호탕하고, 호불호가 명확하고, 할 말은 시원하게 내뱉는, 그것이 마치 정의라 믿으며 미완성 성인이 됐다. 그것 때문에 어머니가 많이 힘드셨다. 아버지와 성격이 비슷해 부녀가 좋을 때는 한없이 친구 같은 관계를 형성하다가도 조금만 틀어지면 어느새 등을 돌리고 냉전이 지속되는 관계를 반복하며 지냈다. 어머니는 늘 살얼음판에서 팽이를 치듯 부녀가 만나는 시간이 즐거우면서도 불안해하셨다.

하루는 어머니 생신을 맞아 고향 집으로 내려가 모아 둔 비상금으로 식사를 대접하기로 마음먹었다. 두 분이 가시기엔 용기가 필요한 고급 레스토랑으로 장소를 예약했다. 여느 때 같으면 "니 뭔다꼬 돈 쓰노? 이게 얼만데? 아이고, 쓸데없는 짓한다"며 한 10분은 투덜거리시며 산통 깨는 아버지이건만 웬일이신지 그날은 맛있게 드셨다. 지금은 그렇게 말씀하는 의도를 알지만 그때는 그런 아버지의 불평하는 말투가 싫었다. 아무튼 그렇게 식사를 마치고 장소를 옮겨 못 다 한 이야기를 주고받던 중 결국 살얼음이 깨져 버렸다. 사람마다 아킬레스건이 있다. 건들면 안 되는 어떤 말, 어떤 행동 말이다. 아버지가 그걸 무심코 건드리셨다. 마흔을 바라보는 지금에서야 "아이고, 아버지" 하고 피식 웃으며 넘어갈 수 있는 여유가 있지만 펄떡이는 20대 시절엔 왜 그리도 참기 힘들었던지, 결국 그 자리를 박차고 나오는 무례까지 범했다. 그렇게 나는 서울 자취방으로 가 버렸다.

3~4일이 지났을까, 어느 날 어머니로부터 전화가 왔다. 늘 그렇듯 어머니의 전화벨 소리는 내 마음을 아프게 만들었다. 어떤 말씀을 하시려는지 짐작이 가기 때문이다. 어머니는 나지막한 목소리로 말씀하셨다. "그래, 아영아! 너도 그날 그렇게 올라가면서 얼마나 마음이 아팠겠니? 엄마도 아빠의 말투 때문에 가끔 속상할 때 있는데, 그래서 네 마음 이해는 간다. 그런데 엄마도 네가 그렇게 아빠와 등 돌리고 지내는 며칠이 너무 힘들구나. 일이 손에 안 잡히고 마음이 아프다. 그러니 너도 힘들겠지만 딸로서 아빠한테 먼저 손을 내밀어 주면 어떻겠니?" 순간, 아버지에 대한 미움이 어머니에 대한 걱정과 안쓰러움으로 바뀌면서 순한 양이 우리로 떼 지어 들어가듯 "네! 알겠어요" 하고 대답했다.

지금 생각해 보면 어머니는 항상 훈육을 하실 때나 갈등이 있을 때 그런 화법을 쓰셨다. 만약 그 상황에서 어머니까지 전화를 걸어

"야! 이 계집애야! 너 어떻게 그렇게 버릇없이 연락 한 통 없어? 네가 뭘 잘했다고 그러니? 당장 아빠한테 사과해" 하고 다그치셨다면 어땠을까? 생각하고 싶지도 않다. 그저 예전보다는 다듬어진 어른이 되어 있는 것만으로도 어머니께 감사하다. 뾰족한 딸을 알고 손수 양치기가 되어 나를 움직여 주셨던 그 방법이 지금 보면 '나 전달법 I-message'이었던 거다. '너 전달법You-message'으로 나를 비난하고 지적하고 야단치셨다면 갈등은 더 깊어졌을지도 모른다. 하지만 항상 어머니는 있는 사실을 전달하고, 그 순간 어머니의 감정을 언어로 표현하시고 이어서 어머니가 바라는 상황이나 모습을 말씀하셨다.

우리는 일상에서 너무 잦은 You-message를 사용한다.

"너! 엄마가 밥부터 먹으라고 했지?"
"샤워할 때 옷은 바구니에 넣으라고 했잖아!"
"네 방 쓰레기통은 네 손으로 좀 비우면 안 되니?"
"이제는 스스로 이불 정리 정돈은 해야 하는 거 아나?"

이 밖에도 수없이 자녀를 지적하고 나무라는 듯한 You-message를 쓴다. '너'를 주어로 하는 You-message는 상대방의 행동에 대한 일방적인 판단, 비난, 지시, 위협하는 의미를 전달하게 된다. 이는 자녀의 의욕을 상실하게 하고 부정적 감정 전달로 인해 맞는 말임에도 마음이 상해, 원하는 행동이나 결과를 끌어내지 못하게 된다.

예를 들어 하교하고 돌아온 자녀가 인사를 건성으로 하고 방으로 들어간다고 치자. 그 모습을 본 부모가 "너 인사가 왜 그래?", "너 엄마 안 보이니?", "얘가 점점 버릇이 없어지네" 등의 메시지로 말하면 아이가 그렇게 인사를 하게 된 근본적 이유는 찾지도 못하고 자녀의 감정에 상처까지 주게 된다.

이런 경우 '나'를 주어로 표현해 보도록 하자. I-message는 사실-감정-바람 순으로 이야기하는 것이다.

1) 건성으로 인사하고 들어가는 자녀에게 우선 사실 그대로를 언급한다.
    "건성으로 인사하는 듯하니까." (사실)

2) 이어서 그 사실을 접한 엄마의 감정을 언어로 표현한다.
    "무슨 일인지 걱정되네." (감정)

3) 마지막으로 엄마가 자녀에게 바라는 모습을 표현한다.
    "내일부터는 바르게 인사해 줬으면 좋겠다." / "왜 그랬는지 얘기해 줬으면 좋겠네." (바람)

순차적으로 표현하는 연습이 필요하다. 실제로 엄마들에게 I-message 대화법을 연습해 보라고 하면 감정 언어를 찾는 일에 시간이 많이 걸리는 것을 볼 수 있다. 어떤 상황에서 내 감정을 언어로 표현하는 것이 우리나라 사람들에게는 어려운 숙제인 것 같다. 그래서인지 엄마들이 화를 내고 있을 때 자신이 화를 내고 있다는 사실을 인식하지 못하는 경우가 많고, 왜 화가 나는지조차 모르는 경우도 많다. 나는 이런 엄마들에게 매 순간 자신의 감정이 어떤지 말로 표현하는 연습을 해 보라고 권한다.

아이에게 밥을 먹일 때 늘 붉으락푸르락 화를 내는 엄마가 있었다. 그녀가 화를 내는 이유는 아이가 밥을 먹을 때 집중하지 않고 장난을 치거나 빨리 먹지 않아서였다. 하지만 깊게 들여다보면 아이가 밥을 먹으며 집중하지 않고 장난을 치는 것은 아이니까 그럴 수도 있는 것이다. 사실은 아이의 문제가 아니라 엄마 자신이 그 상황이 힘들고 피곤하기 때문이다. 그럴 때 이 엄마는 "너 장난 그만치고 밥 먹으라고 그랬지?", "얼른 안 먹으면 치워 버린다", "한 번만 더 말하면 엄마 화낸다"와 같은 위협이나 협박을 한다.

반면 자신의 감정을 잘 파악하는 엄마라면 표현이 좀 다를 것이다.

> "○○야, 제시간에 밥을 먹지 않으니까 엄마 출근 시간 늦어질까 걱
> (사실)
> 정돼. 이제 밥 먹는 데 집중해 줬으면 좋겠어."
> (감정)　　　　　　　　　　　(바람)

이처럼 자녀와 원만한 대화를 위해서는 평소 자신에 대한 내면 성

찰이 끊임없이 이루어져야 한다.

셀프 코칭

- 아이에게 화가 났을 때 그것을 어떻게 표현하나요?
- 당신이 아이라면 그런 표현 방식이 어떨 것 같나요?
- 당신이 생각하기에 가장 적절한 표현 방법은 무엇인가요?

감정 헤아리기는 심호흡하듯이

당신은 지금 어딘가로 급히 뛰어가고 있다. 숨이 차지만 멈출 수 있는 상황이 아니다. 그런데 한 사람이 다가와 뒷짐을 지고 어슬렁거리며 "어디 급히 가시나 봐요?" 하며 말을 건넨다. 또 다른 한 사람은 당신과 같은 호흡과 속도로 뛰며 "어디 급히 가시나 봐요?"라고 한다. 누구에게 좀 더 친밀한 감정이 느껴질까?

감정의 헤아림은 호흡과도 같다. 내가 기쁜 감정일 때 같은 감정으로 기뻐해 주면 그것만큼 행복한 게 없고, 내가 슬플 때 같이 슬퍼해 주면 그만큼 위안이 또 없다.

초등학교 2학년 준수가 집에 들어오는데 엄마는 깜짝 놀랐다. 이 조그만 녀석의 코에서 코피가 났던 것이다. 아이는 꺽꺽 넘어가며 알아들을 수 없는 소리로 이렇게 된 자초지종을 설명한다. 엄마가 들어 보니 짝꿍과 말다툼 끝에 서로를 때린 모양이다. 내막이 어찌됐든 아들은 지금 무척 속상하고, 억울해서 어찌할 바를 모르고 있다.

보통 이럴 때 엄마들 반응은 어떨까? 자녀의 모습을 보고 어떤 마음이 들까? 잠깐 상상만 해도 무척 속상하다. 한 성격 하는 부모라면 "너 이렇게 만든 녀석이 누구야?" 하고 버선발로 뛰어 나갈지도 모른다. 하지만 그렇게 해서 나아질 것이 뭐가 있겠는가? 오히려 본전도 못 찾고 돌아오게 될지도 모른다. 왜냐하면 다툼은 항상 상호간 입장 차이로 인해 벌어지기 때문이다. 각자의 입장에서 '맞다'고 주장하니 다툼이 일어난다. 이 순간 무엇보다 필요한 것은 '따뜻한 헤아림'이다. 자녀의 속상한 마음, 자녀의 억울한 마음, 꺼이꺼이 넘어갈 정도인 자녀의 결백함을 헤아려야 한다. 자녀로부터 느껴지는 감정을 따뜻한 음성으로 표현하면 된다.

"우리 준수, 친구가 네 마음을 몰라줘서 속상하겠구나……."
"준수야! 네 뜻대로 되지 않아 얼마나 답답했겠니!"
"정말 억울하겠다."

충분히 감정의 헤아림을 하다 보면 아이는 엄마가 '나의 마음을 이해해 주는구나' 하고 안심하며 점점 흥분이 가라앉는 것을 느끼게 된다. 그리고 잠시 시간을 두고(시원한 음료수를 마시게 하거나 세수를 하고 오게 한다) 차분하게 상황을 설명하게 하면 놀라운 일이 발생한다.

심리 상태가 이성적으로 돌아온 준수는 지난 상황에 대해 좀 전보다 안정된 음성으로 객관적인 상황 설명을 하게 된다. 그 이후부터는 자연스럽게 코칭 대화를 이어 나갈 수 있다.

엄마: 그래, 우리 준수. 엄마한테 어떤 상황인지 설명해 줄 수 있겠니?

준수: 아니, 상혁이가 내 공책 빌려 가 놓고 오늘 안 가지고 온 거야.

엄마: 그래? 오늘 우리 준수가 몹시 그 노트가 필요했나 보구나?

준수: 그건 아니고…… 오늘 가지고 온다고 했으면 가지고 와야지. 그래 놓고 자기 책은 안 빌려준다는 거야.

엄마: 아, 그래? 준수가 좀 억울하다는 마음이 생겼겠네. 그래서?

준수: 그래서 내가 갑자기 화가 나서 청소 시간에 상혁이를 밀쳤어.

엄마: 그랬구나…… 준수가 상혁이를 밀쳤구나.

준수: 그런데 그 자식이 순간 뛰어오더니 주먹으로 날 때리는 거야.

엄마: 어머나, 놀랐겠구나!

준수: 응…….

엄마: 그래…… 준수야, 상혁이는 왜 그런 걸까?

준수: 몰라…… 그 자식 쉬는 시간에 교무실 다녀오더니 계속 표정이 안 좋았어.

엄마: 그래? 무슨 일이 있었나?

준수: 걔가 숙제를 요즘 몇 번 안 해 와서 아마 그것 때문에 선생님한테 혼난 거 같아.

엄마: 그랬구나. 숙제가 꽤 많긴 많던데 선생님한테 꾸지람 들은 상혁이 기분은 어땠을까?

준수: 물론 기분은 좀 그랬겠지만…… 나도 뭐, 그건 그거고…….

엄마: 만약에 준수가 상혁이라면 어떻게 해 주면 좋아할까?

준수: 글쎄, 위로해 주면 좋았겠지…….

엄마: 그래…… 맞다. 위로! 그게 좀 빠진 것 같구나. 우리 준수를 때린 상혁이는 지금 마음이 어떨까?

준수: 걔 엄청 나한테 미안해할 거야. 내가 틀린 말한 것도 아니고 아무리 생각해도 상혁이가 좀 심했어.

엄마: 준수 얘기 들어 보니 엄마도 그런 생각이 드는구나. 그에 비해 우리 준수가 잘 참은 것 같기도 해서 기특하기도 하고. 그나저나 상혁이랑 계속 이렇게 지낼 수는 없는 일이고 어떻게 하는 게 우리 준수 마음이 편할까?

준수: 흠…… 상혁이가 지금 무진장 속상할 텐데 내가 한번 찾아가 봐야겠어.

엄마: 찾아가서 어떻게 하면 좋을까?

준수: 내가 먼저 화해하자고 하고, 보드 같이 타자고 말하면 돼. 상혁이 보드 엄청 좋아하거든.

엄마: 그래, 우리 준수 멋지다. 엄마가 용돈 좀 줄 테니까 상혁이랑 맛있는 것도 좀 사 먹어.

준수: 엄마 고마워.

- 당신의 아이가 일상에서 가장 많이 느끼는 감정은 무엇일까요?
- 그 이유는 무엇이라고 생각하나요?
- 그 감정이 지속된다면 아이에게 어떤 영향을 미칠 것 같나요?

말에 담긴 힘을 어떻게 쓸 것인가

회사 건물 옆에는 대형 아파트 단지가 조성되어 있다. 그래서인지 건물 4층까지 아이들 학원과 식당들이 꽉 들어차 낮에는 심심치 않게 엄마와 자녀들이 함께 있는 모습을 보게 된다. 하루는 2층 문구점에 들렀다가 사무실로 올라가는 엘리베이터를 기다리고 있었다. 옆에 보니 누가 봐도 세련된 용모에 예쁜 엄마와 두 딸이 사랑스럽게 엘리베이터를 기다리고 있었다. 세상에서 가장 지루한 시간이 엘리베이터를 기다리는 시간인 것 같다. 나도 모르게 그들 대화에 귀를 쫑긋 기울였다. 세 모녀는 아이들 학원을 마친 후 저녁을 먹고 나오는 길인 듯했다. 무슨 이유에서인지 첫째 딸이 저녁을 많이 먹지 않은 모양이다. 우리네 엄마들 마음이 다 비슷하겠지만 자녀가 안 아프고 잘 먹으면 그것만큼 흐뭇한 것도 없다. 분명 그런 마음이었을 테지만 세련된 미모의 엄마 입에서 나온 말은 거칠다 못해 잔인했다.

"너 그렇게 안 먹어서 어떡할 건데? 어? 어이구, 그러다 굶어 죽어 버려."

분명 엄마의 마음이 속상해서 그랬을 것이다. 충분히 그 마음을 이해한다. 하지만 이 이야기를 들은 어린 딸은 어떨까? 그 여린 애가 마음속으로 '엄마가 저렇게 말씀하시는 건 내가 걱정스러워 그러시는 걸 거야. 그러니 그런 말에 괜히 속상해하지 않아도 돼. 다음부터는 밥을 잘 먹어야겠어' 하고 생각할까?

아이가 밥을 먹지 않는 데에는 그럴 만한 이유가 있다. 예를 들어 친구들과 군것질을 했다거나, 원래 먹는 양이 적다거나 아니면 몸이 좋지 않아 입맛이 없다거나 그것도 아니면 배고프지 않은데 때 이른 저녁을 먹었어야 하는 상황이었을 수도 있다. 그런데 엄마 입으로 나온 말은 거의 저주에 가까운 말들이었다.

정말 사랑하는 마음은 헤아려지지만 실제로 내뱉은 그 메시지는 자녀를 죽이는 말로 바뀌어 전달되었다. 평소 우리는 사람을 죽이는 말을 참 많이 한다. 더군다나 칭찬에 인색한 문화다 보니 칭찬이라고 하는 말들이 오히려 마이너스가 되는 경우가 허다하다. 대체로 이런 식이다.

자녀가 좀 실수를 했다. "네가 하는 게 다 그렇지, 뭐."
자녀가 운동을 잘하는 편이다. "너는 운동은 잘해."
자녀가 모처럼 시험을 잘 봤다. "어이구, 웬일이냐?"

엄마의 의도를 파악하면서까지 그런 이야기를 듣기에는 아직 우리 자녀들은 많이 어리다. 그래서 어떤 말을 어떻게 표현하는지가 무척 중요하다. 예를 들어 아내가 남편을 위해 저녁 식사를 정성스럽게 준비했다고 하자. 퇴근하고 온 남편이 식탁에 앉아 된장찌개 한 숟갈을 먹고 한마디 한다.

"이야, 당신은 참 음식은 잘해."
"이야, 당신은 참 음식도 잘해."

비슷한 말이지만 상대를 죽이는 말과 살리는 말이 있다는 것을 기억하자.

탤런트 이영애가 신인일 때 아침마다 거울을 보며 "넌 세상에서 제일 예뻐!" 하고 큰 소리로 얘기했다는 일화나 운동선수가 계속 "잘하고 있어, 할 수 있어. 넌 최고야" 등으로 자기 암시를 하는 것, 우리 학창 시절 책상에 "할 수 있다", "I can do it"이라는 문구를 써 놓은 것 등은 이미 언어가 우리에게 얼마나 큰 영향력을 주고 있는지 잘 드러낸 사례다.

같은 말이라도 "넌 참 운동은 잘한다"와 "넌 참 운동도 잘한다"가 확연히 다른 느낌과 의미를 나타내는 것처럼 자녀에게 꼭 부정적 단어를 쓰지 않는다 하더라도 자녀를 작게 만드는 언어를 수시로 쓰고 있지는 않은지 반성해 봐야 한다.

미국의 한 초등학교에서 IQ 테스트를 한 후 IQ가 우수한 우등반과 IQ가 떨어지는 열등반을 나눈 다음 결과를 알려 주지 않은 채 열등반에서는 마치 우등반인양 아이들을 대하며, "너희들은 똑똑하니까 금방 이해되지" 등의 긍정적인 말로 수업을 진행하고, 우등반에서는 반대로 "너희들은 조금 이해되지 않을지 몰라서 더 자세히 설명해 줄게" 하며 수업을 진행했다. 1년 후 다시 IQ 테스트를 해 본 결과 연구팀은 놀라지 않을 수 없었다. IQ가 떨어졌던 열등반의 대부분은 진짜 높은 IQ가 나왔고, 1년 전 IQ가 높았던 우등반 아이들은 대부분 IQ가 떨어져 있었다. 이 실험 결과는 당시 미국을 비롯해 전 세계 각국에 큰 이슈를 불러일으켰고, 학계에 보고됐다. 아이들에게 계속 똑똑하다며 그렇게 대해 주는 것과 그렇지 않고 뛰어나지 않다고 대하는 것만으로도 아이들에게 전해지는 긍정적인 에너지와 부정적인 에너지가 크게 작용한다.

아침에 일어나 자녀에게 처음으로 하는 말이 무엇인지 떠올려 보자. "잘 잤니?", "좋은 꿈꿨어?", "얼른 씻고 와서 밥 먹자" 등일 것이다. 나쁘지 않다. 그렇다고 이 말을 들으면서 자녀가 '난 정말 사랑받고 있어', '아, 정말 행복해'라는 마음을 느끼기엔 조금 부족하다. 약간은 낯부끄럽고 어색할지 모르지만 엄마가 자녀에게 할 수 있는 찬사를 하나씩 만들어 보자. 그리고 아이가 일어났을 때 하던 일을 멈추고 눈을 맞추며 사랑이 가득한 음성으로 온 마음을 다해 말해 보길 권한다.

나는 살아오면서 '사랑한다'는 말이 참 어색했다. 자신 있게 하지도 못하고 아주 가끔이지만 친정엄마로부터 듣게 되면 몸 둘 바를 몰라 알레르기 반응을 보인다. 아마 자라 오면서 '사랑한다'는 말을 가족들과 나눈 기억이 없어서일 것이다. 이 아름다운 표현이 어색한 내 스스로가 싫고 사랑받고 있었음에도 사랑받고 있는지 알지 못했던 어린 시절이 안타깝기도 했다. 그래서 나는 매일 아침 아이를 안고 진심을 다해 말한다. "엄마가 우리 이든이 진심으로 사랑해요. 엄마는 참 행복합니다"라고. 처음에는 의도적으로 시작한 말이 어느 날부터인가 아이로부터 먼저 듣게 되면 얼마나 뿌듯한지 모른다. 긍정의 에너지가 넘쳐 나는 가정을 만들기 위해서는 꼭 언어부터 바꾸자.

셀프 코칭

- 아이에게 가장 자주 하는 말은 어떤 것들인가요?
- 그런 말을 하는 주된 이유는 무엇이라고 생각하나요?
- 그 말은 앞으로 아이의 삶에 어떤 영향을 미칠 수 있을까요?

부모와 자녀의 대화를 막는 12가지 걸림돌*

① 명령, 강요

"꼭 ~해야 해!", "반드시 ~해라", "~하지 마라"

– 저항감을 불러와 반항을 부추길 수 있다.

....

* 이 장의 내용은 『부모 역할 훈련』(토머스 고든 지음·이훈구 옮김, 양철북, 2002년) 중에서 발췌했습니다.

② 경고, 위협

"만일 ~하지 않으면, 벌을 세울 거야"

- 공포와 복종을 유발시켜 부모에 대한 원망과 분노를 유도하는
  요인이 된다.

③ 훈계, 설교

"~하는 것이 당연하다", "너의 책임은 ~이다"

- 의무감과 죄의식을 갖게 하며 부모로부터 믿음을 얻지 못한다
  고 생각하게 한다.

④ 충고, 해결 방법 제시

"~하는 게 좋지 않을까?"

- 아이 스스로 문제 해결 능력을 키우지 못하게 방해하며 부모
  의존성을 키운다.

⑤ 논리적인 설득, 논쟁

"여기서 중요한 것은~", "다른 사람의 경우엔~"

- 아이가 방어적이게 만들고 반론을 펼치며 부모의 말을 거부한
  다. 반대로 부모에게 설득당하게 될 경우에는 열등감과 무력감
  에 빠질 수 있다.

⑥ 비판, 비평, 비난

"이건 틀렸잖아", "그러니깐 조심하랬지"

- 아이가 부모의 비판을 사실로 받아들여 자신을 무능력한 존재로 알게 된다. 아이 자신의 판단을 형편없는 것이라 여기게 만든다.

⑦ 무조건 칭찬, 찬성

"와우, 진짜 잘했다", "뭐든지 잘하는구나."

- 부모의 기대가 크다는 것을 암시한다. 아이가 부모가 원하는 대로 하는지 감시하는 것처럼 보인다. 또 이를 교묘하게 조장한다고 느끼게 만든다.

⑧ 욕설, 조롱

"바보같이~", "오줌싸개야"

- 자신의 가치를 낮게 여기게 하며 사랑받지 못한다고 생각해서 자아 형성에 악영향을 끼친다.

⑨ 분석, 진단

"네가 ~했기 때문에 ~하는 거야", "네 잘못이 무엇이냐면~"

- 부모의 조리 있는 말에 아이는 궁지로 몰린다. 자신이 노출되는 것을 두려워하며 대화를 피하게 만든다.

⑩ 동정, 위로

"걱정 마, 이제 잘될 거야"

- 아이의 감정과 무관한 동정과 위로는 문제를 억지로 축소시켜
  오히려 부모에 대한 적개심을 유발시킨다.

⑪ 캐묻기와 심문

"왜 그랬어?", "누구랑 한 건데?"

- 질문에 대답하면 부모의 비난이나 설교가 이어지므로 거짓말
  을 하거나 대답을 피하게 만든다.

⑫ 화제 바꾸기, 빈정거림, 후회

"그 얘긴 이제 그만하고~"

- 어려운 문제가 닥쳤을 때 부모에게 배운 대로 회피하는 방법
  을 택한다. 아이는 문제 상황에서 부모를 적절한 상담자로 여
  기지 않게 된다.

아이를 살리는 스킨십의 기적

애착에 대해 이야기할 때 빼놓을 수 없는 학자가 있다. 바로 미국
의 발달심리학자 해리 할로우Harry Harlow다. 해리 할로우가 붉은털원
숭이를 대상으로 한 애착과 관련한 실험은 유명하다. 그는 갓 태어난
붉은털원숭이들을 가짜 어미가 있는 두 개의 우리 안에 넣고서 한쪽

어미 모형에는 가슴에 우유병을 달아 놓고 다른 쪽 어미 모형에는 우유병은 없지만 헝겊으로 폭신폭신하고 부드러운 감촉을 느낄 수 있게 했다. 그 결과 새끼 원숭이들은 배가 고플 때만 우유병이 달린 가짜 어미 모형에 잠깐 다가갈 뿐 대부분의 시간을 헝겊에 싸인 원숭이 모형 옆에서 보냈다. 아기가 애착을 형성하는 데에는 모유나 먹을 것을 주는 것보다 따뜻한 느낌이나 스킨십이 더 중요하다는 사실을 밝혀낸 것이다.

스킨십은 말을 초월한 커뮤니케이션 수단이다. 엄마와 자녀 사이에 사랑과 안정을 느낄 수 있는 방법이고 신뢰감 형성에도 핵심적 요소다. 자녀가 영아일 때 문화센터나 산후조리원에서 베이비 마사지 수업을 빠지지 않고 듣고, 뇌 발달에 좋다는 목욕법도 익혀 스킨십을 의도적으로 하고자 노력했던 경험이 있다. 눈에 보이지는 않지만 서로 피부를 접촉하는 것만으로도 행복 호르몬이라고 불리는 옥시토신이 증가하고 심박 수가 안정되어 이완되는 것을 우리는 알고 있다.

유아기 때의 부모로부터 스킨십은 성장한 뒤에도 칭찬이나 인정 등 정신적 자극 욕구로 바뀌어져 나타난다. 차이는 있으나 모두 자기 존재를 인정받기 위한 욕구가 내재되어 있다. 인간은 생존을 위해 먹어야 하듯 긍정적 스킨십 역시도 기본 욕구이다. 바꾸어 말하면 모든 사람은 스킨십(자극)을 필요로 하고 있으며 사람이 산다는 것은 스킨십을 추구하기 위해서라고 할 수 있다.

스킨십을 주고받는 것이 부족하면 따분하거나 고통스럽기까지 해서 배가 고파 굶주린 것처럼 문제적 행동으로 나타나기도 한다. 특히 아이들은 부모에게 무시당하거나 무관심함을 느끼는 경우에는 무리를 해서 부정적 스킨십이라도 받으려고 할 때가 있다. 예를 들어 부모가 싫어하는 행동을 해 체벌을 하게 만드는 경우가 그러하다.

엄마들의 많은 고민 중 하나는 둘째가 태어나고부터 첫째 아이의 성격이 이상해진다는 것이다. 심지어 엄마가 보이지 않는 곳에서 동생을 괴롭히기까지 한다. 여기서 엄마들 자신에게 스스로 질문을 해 보자. "과연 첫째 아이를 둘째 아이 출산 전과 똑같이 대하였는가?" 대부분 엄마들의 답은 "아니요"다. 그리고 이어져서 하는 말은 이것이다. "당연히 애 둘을 키우다 보니 조금 더 큰 첫째한테 소홀할 수밖에요. 둘째는 손이 더 가잖아요." 이것이 핵심이다. 둘째가 손이 더 간다는 것이다. 기저귀도 갈아 줘야 하고, 안아서 수유도 해야 하고, 잠도 재워 줘야 하기 때문에 원하든, 원하지 않든 자연스럽게 스킨십이 잦다. 반면 첫째 아이에겐 딱 그만큼 신경을 덜 쓰게 된다. 그런 엄마의 마음을 속 깊게 헤아리기에는 아직 어린 첫째는 당연히 자신에게 돌아와야 하는 사랑을 동생에게 빼앗긴 것 같아 동생이 몹시 미울지 모른다.

모든 아이는 긍정적 자극을 최우선으로 원한다. 하지만 자신이 원할 때 엄마로부터 자극을 받지 못하면서 과장된 칭찬거리를 만든다. 예를 들어 양말을 혼자 신으려 시도한다거나, 배가 불러도 밥을 남기지 않고 먹는다던지 동생을 과도하게 보살피는 모습 등 평소에 엄마가 좋아하는 행동들을 찾아서 한 후 생색을 낸다. 처음에야 대견하고 기특한 마음에 칭찬 일색이지만, 곧 엄마들은 육아에 지친 나머지 예전처럼 감격스런 찬사를 보내지 않는다. 엄마의 반복적인 태도에 불안한 큰아이는 차선책을 택한다. 긍정적 자극을 포기하고 부정적 자극을 선택하는 것이다.

이제는 엄마가 싫어하는 행동만을 골라서 행한다. 떼를 쓰고, 장난감을 흩트리고, 동생을 괴롭히고 마치 시간이 거꾸로 간 듯 아기 같은 행동을 한다. 결국 엄마는 달려와 엉덩이를 팡팡 때리며 "너 엄마한테 혼날래?" 하고 부정적 자극을 주게 되는 것이다.

가장 무서운 건 '무無자극'이다. 아이가 잘못을 하든 잘하든 아무런 자극이 없다는 것은 상상만으로도 비참한 일이다.

조엘 오스틴이 쓴 『긍정의 힘』이라는 책에 보면 한 사연이 소개된다. 1995년 10월 17일, 매사추세츠 메모리얼 병원에서 카이리와 브리엘이라는 쌍둥이가 예정일보다 석 달이나 빨리 태어났다. 쌍둥이 가운데 동생은 심장에 큰 결함을 안고 있었다. 의사들은 그 아이가 곧 죽게 될 것이라 예상했다. 예상대로 동생 브리엘은 점점 더 상태가 악화돼 죽기 직전에 이르렀다. 이들을 안타까운 마음으로 돌보던 간호사는 유럽에서 과거에 실시해 오던 미숙아 치료법을 생각해 내고 아픈 아기를 건강한 쌍둥이 아기의 인큐베이터 안에 함께 두자고 제안했다. 병원 방침에는 어긋나지만 의사의 협조와 엄마의 동의를 얻어 한 인큐베이터 안에 나란히 눕혔다. 그러자 건강한 아기 카이리가 스스로 팔을 뻗어 아픈 동생을 감싸 안았다. 그런데 이때부터 기적이 일어났다. 카이리의 손길이 닿자 브리엘의 심장이 안정을 되찾기 시작했고 혈압이 정상으로 돌아온 것이다. 간호사는 기계가 오작동하는 줄 알았다. 의사들은 이것을 보고 너무 기뻐서 사진에 '생명을 구하는 포옹The Rescuing Hug'이라는 제목을 붙여서 많은 사람들에게 나누어 주었고, 지역 신문에도 보도되었다. 지금 이 아이들은 건강하게 잘 성장해 어엿한 숙녀로 자랐다.

이처럼 스킨십은 치유뿐 아니라 수명 연장 효과도 있다. 특히 남성보다 여성의 수명이 긴 이유 중 하나가 스킨십에 있다는 보고도 있다. 금슬 좋은 부부가 백년해로 하다 할머니가 먼저 임종하시면 할아버지가 이내 함께 운명을 달리하는 경우를 종종 접한다. 반대로 할아버지가 돌아가신다고 해도 할머니는 5년, 10년 건강하게 지내는 경우도 본다. 손자를 돌보며 스킨십을 하는 횟수도 많은 것이 여성이며, 친구나 딸과 함께 팔짱을 끼고 다니는 것도 여성이다. 이렇듯 남성보다 여성이 스킨십에 더 자연스럽다.

자녀가 어릴 때는 자연스럽던 스킨십이 성장하면서 점점 횟수가 줄어들고 사춘기에 접어들면서 결국 어색해지는 상황이 연출된다. 그렇다고 억지로 시도하는 것은 역효과를 가져올 수 있다. 만지고 싶다 정도의 감정이 먼저 드는 것이 중요하다. 그렇게 되면 어떤 방법으로든 자연스럽게 가능해진다.

예를 들어 초등학교 고학년 자녀가 사춘기에 접어들면서 엄마, 아빠와 포옹이 줄어든다면 과도한 시도보다는 등하교 때 어깨를 토닥여 준다던지, 밥 먹을 때 "많이 먹어" 하며 등을 쓰다듬어 주는 가벼운 스킨십을 자주 하는 것이 중요하다. 아침 시간 분주하더라도 자녀가 아직 어리다면 아침에 일어났을 때 따뜻하게 꼭 안아 주는 습관도 좋다. 자녀를 안아 준다는 것은 사랑에 대한 최고의 표현이다. 훈육 후에도 따뜻하게 안아 줄 필요가 있다.

모든 시작은 어색하다. 자연스럽게 되려면 의도적인 시도부터가 필요하다. 하루에 꼭 한 번 따뜻한 스킨십을 주고받자. 사춘기 자녀라 스킨십 시도가 어렵다면 부부간에 자연스러운 스킨십을 보여 주는 것도 좋은 영향력을 줄 수 있다. 이를 통해 자녀는 정서적 안정감을 느끼게 된다. 일상에서 가족 간 대화의 시간이 줄어드는 현실에서 스킨십 몇 초가 주는 건강과 행복을 꼭 누려 보길 바란다.

- 자녀와 자연스러운 스킨십을 시도해 봅니다(쓰다듬거나 토닥임 등).

실습 단계 : 상황별 코칭 기법 활용

질문과 경청, 피드백으로
자녀를 코칭하기

1

잘 듣기만 해도
아이는 바뀐다

경청이라는 내용을 강의할 때 자주하는 게임이 있다. 먼저 7~8명이 팀을 이뤄 조장을 뽑는다. 뽑힌 조장은 앞으로 나가 미션 종이를 1분간 숙지한다. 그 종이에는 세 문장 정도 되는 글이 적혀 있고 익힌 내용은 팀으로 돌아와 첫 번째 사람에게 귓속말로 기억한 내용을 전달한다. 전달받은 첫 번째 사람은 두 번째 사람에게 또 전한다. 같은 방식으로 마지막 사람까지 전달하면 마지막 사람은 기억한 내용을 그대로 종이에 작성해 진행자에게 전한다. 속도와 상관없이 처음 내용을 마지막 사람이 얼마나 잘 반영하는지가 관건인 게임이다. 하나같이 처음 내용을 온전히 전달하는 팀이 없다. 아니 의미라도 비슷하면 그럴 수 있겠구나 하겠지만 의미 자체가 완전히 왜곡된 팀도 많다. 처음 내용은 다음과 같다.

애들아, 너희들 화장실 조심해서 다녀라. 지민이가 조심하지 않고 가다가 넘어져서 바지를 다 버렸어. 아이들이 오줌 쌌다고 놀리니 그만 말도 못하고 울고 있잖아.

결과로 나온 내용은 다음과 같다.

1. 애들아, 조심히 다녀라. 지민이가 급하게 가다 바지에 오줌을 쌌어. 그러니 조심히 다녀라.
2. 화장실 갈 때 뛰지 마라. 뛰면 넘어져서 다친다. 그러니 화장실 갈 때 뛰지 마라.
3. 애들아, 화장실 가다 지민이가 바지에 오줌을 싸서 울고 있단다. 그러니 놀리지 마라.
4. 애들아, 화장실 갈 때 조심히 다녀라. 애들이 수민이가 화장실에서 오줌을 쌌다고 말하고 다니더라.
5. 애들아, 아침에 화장실 갈 때 조심해라. 아침에 어떤 아이가 바지에 오줌을 쌌잖아.

비슷한 듯 전혀 다른 내용들이다. 원래 내용에는 지민이가 오줌을 싸지 않았다. 하지만 대부분 사람들은 지민이를 오줌싸개로 만들었다. 이처럼 커뮤니케이션은 발신자와 수신자 사이에 메시지를 전달하는 과정에서 잡음 noise 이 발생한다. 잡음이 발생하는 원인은 다양하다. 밖에서 나는 차 경적 소리나 텔레비전 소리와 같은 1차적인 요소도 있겠지만 문화의 차이, 경험의 차이, 가치관의 차이, 입장의 차이, 잡념과 같은 심리적인 부분 등 다양하다. 이러한 잡음은 생각보다 경청을 방해하고 왜곡시켜 잘못된 반응으로 되돌아온다.

또 소통은 일방향 커뮤니케이션이 아닌 쌍방향 커뮤니케이션이기 때문에 앞에서 게임은 엄연히 소통이라 보기는 어렵다. 예를 들어 초등학교 전교 조회 시간에 교장 선생님 훈화 말씀을 듣는 아이들을 생각해 보면 이해할 수 있다. 대부분 훈화가 시작되면 지루해하고 듣기 힘들어한다. 교장 선생님의 일방향 커뮤니케이션 방식 때문이다. 일방향과 쌍방향의 가장 큰 차이는 한쪽만 표현하고 다른 한쪽은 듣기만 하는 상황이 연출된다는 것이다. 교장 선생님의 훈화뿐만 아니라 우리 가정에서도 부모·자식, 부부간에도 일방향 의사 소통이 자주 일어난다. 이런 모습은 마치 한쪽은 생각하는 사람(기획자), 다른 한쪽은 실행자 같은 권위적인 모습으로 비춰진다.

특히 부모·자식 간에 이런 대화 방식은 자녀가 부모의 지시 없이는 아무것도 하지 못하는 아이로 성장할 수도 있다. 자녀는 평소에 부모에게 '너 마음대로 하지 마'라는 식으로 들어왔기 때문에 혼자서 처리해야 하는 일이 발생해도 능력이 사장되어 아무것도 못하고 발만 동동 구르는 일이 발생한다.

오늘날처럼 급변하는 시대에 갑자기 발생하는 여러 가지 상황들을 임기응변적으로 잘 대처하는 능력은 필수 조건이다. 그런데 지금까지처럼 부모가 결정하고 부모가 지시·명령하고 부모가 책임지는 방식의 교육으로는 창조적 인재가 육성되기 어렵다. 쌍방향 대화에 익숙해져야 생각하고, 건의하고, 제안하고, 행동하고, 책임질 줄 아는 주도적인 사람으로 성장할 수 있다.

그 시작이 바로 자녀의 말을 진짜 경청해 주는 것이다. 말로 표현할 수 있다는 것은, 말하면서 머릿속에 있는 아이디어를 발굴하게 되고 무엇을 어떻게 해야 하겠다는 생각이 떠오른다는 뜻이다. 자녀의 잠재력과 가능성을 발휘하도록 하는 것은 이야기할 기회를 줌으로써 극대화된다.

경청이 어려운 이들의 사고방식에는 '내 생각이 옳다'라는 바탕이 깔려 있다. 하지만 그 생각은 세상에 많고 많은 생각 가운데 고작 하나라는 것을 인정해야 한다. 그래서 항상 습관적으로 '내 생각만이 옳은 걸까?'라는 여지를 가지고 '우리 자녀의 생각은 어떨까?' 혹은 '아이들이 가지고 있는 새로운 아이디어는 뭘까?' 하는 호기심이 필요하다.

아버지들을 대상으로 교육할 때였다. 강의를 마치고 가방을 챙기고 있는데 문밖에서 한 분이 서성이고 있었다. 눈이 마주치자 조심스럽게 다가오셔서는 고민을 말씀하셨다.

"아까 강사님 말씀 중에 자녀의 이야기를 잘 들어주라고 하셨는데 대체 어느 정도까지 잘 들어줘야 하나요? 잘 들어주다 보면 끝도 없이 말하려고 해서 그냥 어느 선에서 못하게 하는데 그럼 그걸 다

들어주라는 겁니까. 그러다 보면 저녁밥 먹는 시간이 한 시간이나 되기도 해요."

이 아버지는 그래도 자녀의 이야기를 들어주려고 노력하셨던 것 같다. 노력하면 할수록 자녀는 자신의 이야기를 더 쏟아 내니 낮에 힘들게 일하고 퇴근해서 돌아온 아버지로서는 피곤할 수밖에 없다. 나는 질문을 했다.

"아버님! 만약에 아버님이 어릴 때 아드님 입장이라면 어떤 아버지를 원할까요? 그리고 나중에 아드님이 커서 아버님을 어떻게 기억했으면 하나요?"

이내 아버지는 "네……" 하고 미소를 띠며 감사하다는 말을 남기시고 가셨다.

물론 자녀의 이야기를 끝까지 듣는다는 것이 어쩌면 잔소리보다 더 어려울지 모른다. 또 비효율적이라고 생각할 수도 있다. 하지만 경청을 통해 자녀의 창의력을 키우고 자율적이면서 때로는 논리적인 사고가 증폭된다면 비효율적인 시간만은 아니다. 스피치 학원에 보내서 말하기를 가르치고 논술 학원에 보내 논리적 사고와 사고력 확장을 위해 돈과 시간을 쓰는 것 이상으로 자녀가 가장 소통하고 싶은 대상인 부모와 함께하는 이 시간이 가장 효과적인 시간임을 잊지 말아야 한다.

잘못된 경청, 속 터지는 대화

얼마 전 일요일이다. 다음 날 강의 준비를 위해 거실 식탁에서 노트북으로 자료를 정리하는 중이었다. 남편이 가사를 돕는 것 중 하나가 빨래를 널어 주는 일이다. 남편은 거실에서 힐끔힐끔 텔레비전을 보며 빨래를 분류하고 있었다. 시계를 보니 저녁 8시. 일요일 그 시간은 내가 유일하게 즐겨 보는 개그 프로그램이 하는 시간이다. 좋아하는 코너가 지나갔을까 봐 다급한 목소리로 "자기야, OO할 시간이다"라고 말했다. 부산 남자의 대표성을 띤다고 해도 과언이 아닌 무뚝뚝한 남편의 입에서 나온 대답은 딱 두 글자. "봐라." 허탈했다.

내가 남편으로부터 원하는 반응이나 행동은 무엇이었을까?

다음 사례도 마찬가지다. 집 근처에는 아시아에서 가장 크다는 대형 백화점이 있다. 그 백화점 안에는 유명한 스파가 있다. 예전부터 좋다는 소문만 들었지 한 번도 갈 기회가 없었다. 그 앞을 지날 때마다 습관적으로 "이야, 저기 한번 가 보고 싶다"라는 말을 여러 번 했었다. 물론 지금까지 한 번도 가 보지 못했다. 최근에는 마음먹고 남편 반응을 보고 싶어 늘 하던 똑같은 말을 던져 봤다. "자기야, 저기 엄청 좋다는데 꼭 한 번 가 보고 싶다." 짜 놓은 각본처럼 남편의 외마디 대답은 "가라"였다. 예상했던 답변이었지만 그날은 소심한 반항을 했다. "내 말은 그 말이 아니잖아." 남편이 이어서 말했다. "그럼 뭐라고 할까? 가고 싶다는 사람한테 가라고 하지, 가지 말라고 할까?" 난 더 이상 대화를 이어 나갈 수 없었다.

일상에서 우리는 이런 일들의 피해자이자 가해자가 되기도 한다. 이 책을 읽는 독자들은 대부분 여성일 것이라 생각하는데 아마도 필자의 입장을 이해할 것이다. 하지만 엄마도 이런 반응으로 자녀를 힘 빠지게 한다. 아래 대화를 살펴보자.

대화 1

아이: 엄마! 수학은 진짜 싫어. 너무 어려워.

엄마: 싫으면 어쩔 껀데? 못한데서 과외까지 시켜 줬더니 하는 소리 하고는…….

아이: 휴…….

대화 2

아이: 엄마, 나 미술 학원 그만두고 싶어.

엄마: 뭐? 처음에 네가 그렇게 가고 싶대서 보내 줬더니. 벌써 관둔 다고?

아이: 별로 재미도 없고…….

엄마: 시끄러! 그렇게 끈기가 없어서야. 너 자꾸 그러면 뭘 해도 안 되 는 거야.

대화 3

아이: 엄마, 저, 있잖아…….

엄마: (계속하던 일을 하면서) 뭐? 크게 말해. 엄마 지금 저녁 준비하잖아.

아이: 아니, 그러니까…….

엄마: (계속하던 일을 하면서) 빨리 말해? 뭔데? 바쁘잖아.

아이: 아니야…….

대화 1에서 대화 3까지 엄마들은 아이의 이야기를 아무도 귀담아 듣지 않는다. 대화 1에서는 아이의 투정을 그냥 투정으로 받아들이고 엄마 입장에서 하소연을 한다. 이런 말을 듣는 아이의 마음은 어떨까? 자신이 부족해서 엄마가 비싼 과외까지 시켜 줬음에도 잘하지 못하는 자신이 더 초라하게 느껴질 것이다. 또 수학에 대한 자신감이 더 상실될지도 모른다.

대화 2에서는 아이가 학원을 그만두고 싶어 하는 의도에 대한 파악이 없다. 아이도 어렵게 그 말을 꺼냈을지 모른다. 그런데 아이의 끈기 없음을 비난하고 미래까지 비관적으로 말한다. 이런 말을 들은 아이가 '그래. 이렇게 쉽게 그만두면 난 뭘 해도 안 되는 사람이 되니 더 열심히 해야겠어!' 하고 마음먹는 경우가 몇이나 될까? 오히려 자신의 마음을 헤아려 주지 못하는 엄마를 야속하게 생각하게 된다.

대화 3은 확연히 아이가 어떤 얘기를 하고 싶어 한다는 사실을 알 수 있음에도 엄마는 바쁜 일상에 몰두한 나머지 아이의 말을 귓등으로 듣고 있다. 이는 결국 아이가 엄마에게 고민을 털어놓으려 했던 마음까지 앗아가게 한다. 만약 이런 상황이라면 아이에게 "○○야, 엄마가 저녁 준비만 끝내고 얘기 나눠도 될까?"라고 양해를 구하면 된다.

　제대로 된 경청을 한다는 것은 들리는 것만 듣는 것을 뛰어넘어 상대의 감정을 헤아리고 진짜 원하는 의도를 파악하며 듣고 반응하는 것이다. 앞서 남편의 예에서 굳이 모범 답안을 만들어 본다면 첫 번째 사례인 경우에는 "어, 그러네. 당신 좋아하는 프로그램 할 시간이네. 내가 얼른 틀어 줄게" 정도가 될 것이다. 두 번째 사례인 경우에는 다음과 같이 말하는 것이 좋다. "그렇게 가고 싶으면 같이 한번 갈까?"

귀가 아닌 몸으로 이야기를 들어라

　자녀의 이야기를 경청하는 것만으로도 자녀의 마음을 움직일 수 있다. 적극적인 경청은 마음을 여는 가장 중요한 스킬이다. 의사소통이 자유로운 가정에서 자란 자녀는 자신이 하고 싶은 이야기를 서슴없이 한다. 그리고 부모가 자신의 이야기를 경청하고 있다는 것만으로도 정서적 안정감을 느끼고 마음속 이야기를 편안하게 표현할 수 있다. 그때 부모의 태도가 무엇보다 중요하다.

　부모가 적극적으로 경청하고 있다는 것을 표현할 때 자녀는 자신이 이해받고 있음을 믿고 마음을 열게 된다. 또 적극적인 경청은 자녀의 생각이나 감정을 자유롭게 표현할 수 있도록 북돋아 주게 되며, 자신의 방식으로 문제나 상황을 탐색하여 말하면서 책임을 느끼게 된다.

앞서 의사소통에서 비언어적 요소의 중요성을 언급했다. 그중 표정, 시선, 눈빛, 몸짓과 같은 시각적 요소가 가장 많은 영향력으로 작용한다는 것을 살펴봤다. 즉, 자녀와 대화 중에도 시각적 요소를 잘 살펴야 하는 것은 물론이고, 엄마의 자세도 마찬가지이다. 만약 설거지 중이거나 식사를 준비하는 중에 자녀가 중요한 이야기를 하려고 한다면, 하던 일을 잠시 멈추고 자세를 낮춰 눈을 마주 보고 이야기를 나눠야 한다. 그리고 자녀의 감정을 읽고 그에 적절한 표정으로 공감해 주는 게 필요하다. 만약 바쁜 상황에서 자녀가 중요한 이야기를 하려고 하면 앞서 살펴봤듯이 이해를 시키거나 양해를 구하면 된다. "○○야, 엄마가 급하게 이것만 하면 되는데 이 일만 끝내고 네 얘기 들어도 될까?"라고 하면 적당하다.

두 번째로 중요한 것이 청각적 요소이다. 청각적 요소는 말의 빠르기, 뉘앙스, 억양, 크기 등 다양하다. 청각적 요소는 같은 말도 다르게 표현되는 특징이 있으므로 자칫 오해를 불러일으킬 수 있다. 그래서 일상적으로 자녀와 대화 중에는 웃는 표정을 유지하는 연습이 필요하다. 웃으면서 "안녕?"이라고 말할 때와 무표정하게 "안녕?"이라고 할 때에는 분명한 차이를 느낄 수 있다.

아파트 엘리베이터에 엄마와 대여섯 살 정도 돼 보이는 아이가 탔다. 아이는 탑승 전부터 울고 있었고, 칭얼대는 소리는 엘리베이터 안 주민들 시선을 주목시켰다. 큰 소리로 야단칠 수 없는 상황에서 아이 엄마는 그렇다고 조근조근 타이를 마음도 없는 듯 보였다. 엄마는 조용히 아이를 구석으로 몰더니 다른 사람들이 엄마의 표정을 보지 못하게 고개를 돌리고는 아이를 쳐다보며 나지막한 목소리로 한마디 했다. "입 다물어." 곁눈질로 힐끔 훔쳐본 엄마의 표정은 이를 꽉 깨물고 동공이 커지며 눈가에 힘이 들어가 있었다. 목소리는 나지막했지만 강했다. 이내 아이는 엄마의 눈치를 살피더니 꺼이꺼이 하며 울음을 멈췄다. 시각적인 요소와 청각적인 요소가 얼마나 영향력을 발휘하는지 여실히 보여 주는 웃지 못할 장면이었다.

또 다른 상황으로 기분 좋은 생각을 떠올려 보자. 우리 아이가 옹알이를 시작했을 때, 처음으로 엄마·아빠를 불렀을 때, 걸음마를 뗐을 때 우리들 모습은 어땠나. 눈썹과 입꼬리는 한껏 올라가고 목소리는 소프라노 수준의 톤으로 감격에 차 아이에게 사랑을 표현했을 것이다. 이것이 비언어적인 메시지가 주는 힘이다.

의사소통에서 나머지 부분은 말의 내용이다. 대화 중에 자녀의 이야기를 잘 경청한다는 것은 7퍼센트 말의 내용적 측면에 시각적인 부분과 청각적인 부분이 합쳐진 93퍼센트가 더 큰 영향력을 끼친다는 사실을 명심해야 한다. 그런데 많은 부모들은 단 7퍼센트의 메시지에 치우쳐 자녀의 말을 분석하고 집요하게 묻거나 감정을 헤아리지 못하고 그냥 별일 아닌 듯 지나쳐 버리는 경우가 많다. 그래서 우리 자녀들은 늘 관심에 목마르다.

한 가지 사례를 더 살펴보자. 어느 날 초등학교 2학년 민정이가 집에 와서는 어리광 부리는 말투로 말한다. "엄마, 선생님이 만날 나한테만 심부름 시킨다? 그래서 매일 교무실 왔다 갔다 하느라 바빠." 이에 엄마는 준비했다는 듯이 묻는다. "그래? 선생님이 왜 그러실까? 너 뭐 잘못한 거라도 있어? 우리 딸 힘들게 왜 민정이한테만 시키지?" 그런데 아이는 조금 이상한 반응이다. "어휴, 아…… 몰라." 그리고 방으로 들어가 버린다.

민정이 엄마는 잘 듣는 편에 속한다. 자녀의 이야기를 듣고 적당히 자녀의 마음까지도 헤아렸다. 하지만 경청까지는 하지 못했다. 우리가 알고 있는 경청은 잘 듣는 수준을 넘어 자녀의 말에서 숨은 의도가 무엇인지 파악하며 듣는 것을 뜻한다.

숨은 의도는 앞에서 말했듯이 메시지만으로는 들을 수 없다. 자녀의 비언어적인 메시지를 살펴야 경청을 할 수 있다. 여기서 민정이는 선생님이 심부름 시키는 것이 싫은 뉘앙스가 아니라 자랑하는 듯한 느낌이다. 그리고 그것을 마치 귀찮은 듯 으스대는 모습까지도 보인다. 어쩌면 민정이 의도는 '엄마, 선생님이 날 좋아하나 봐. 항상 나한테 심부름 시켜. 그래서 아이들이 나 질투하는 거 같아'이다. 선생님에게 사랑받는 자신의 모습을 앞에서와 같이 표현한 것이다.

물론 엄마가 족집게 도사도 아니고 아이의 숨은 의도를 모두 파악하기란 쉽지 않다. 그렇기 때문에 엄마는 아이의 말에 반사적으로 반응하기 전에 질문을 통해 아이의 생각이나 감정을 파악해야 한다. "민정아, 선생님이 우리 민정이한테 심부름을 시킬 때 기분이 어때?" 혹은 "선생님이 왜 우리 민정이한테만 심부름을 시킬까?" 정도로 물으면 된다. 이후에 자녀의 답변에 따라 적당한 반응과 피드백을 해 준다.

경청도 훈련이 필요하다

경청도 훈련이 필요하다. 아무리 잘 듣겠다고 마음먹어도, 지금까지 습관 때문에 꾸준히 연습하지 않으면 쉽지 않다. 연습은 왼쪽 근육을 쓰는 것과 같다. 그동안 익숙했던 오른쪽 근육을 써 왔다면 이제는 쓰지 않던 왼쪽 근육을 사용할 차례다. 오랜만에 운동을 하게 되면 다음 날 근육이 뭉치고 결리고 당기는 증상처럼 지금부터의 연습도 어색하고 불편하고 꼭 이렇게까지 해야 하나 의구심이 생길지 모른다. 이 모든 생각의 결론은 '안 해 봐서'다. 매일매일 운동하는 사람은 오히려 하루라도 운동하지 않으면 몸에서 신호가 온다. 우리도 이제 서서히 조금씩 스트레칭을 하며 건강한 가정을 만들어 갈 차례다.

적극적인 경청은 총 3단계로 나뉜다. 첫째는 경청할 준비가 되어 있음을 언어적·비언어적(시각적, 청각적)으로 보여 준다. 하던 일을 멈추고 아이의 눈높이에 맞게 자세를 낮추고 눈을 바라본다. 그리고 편안한 표정과 안정된 음성으로 자녀에게 다가간다.

두 번째는 듣고, 관찰하고, 격려하고, 기억한다. 이 역시 언어적, 비언어적 요소를 활용해야 한다. 여기서 핵심은 중간에 말을 끊거나 판단하지 않아야 한다는 점이다. 많은 부모들이 자녀의 얘기를 서두만 잠시 듣고 마치 그 상황을 안 봐도 뻔하다는 뉘앙스로 문제를 해결해 버리거나 평가하고 판단한다. 경청을 한다는 것에 취지(마음 열기)를 지속적으로 새겨야 한다.

마지막으로 반응이다. 자녀가 말하는 것을 이해하고 잘 듣고 있다는 것을 표현한다. 이런 과정 중에서 적당한 반응어를 유연하게 익힐 필요가 있다.

- 환영하기: 어 그래, 우리 이든이가 엄마에게 하고 싶은 얘기가 있구나?
- 맞장구치기: 어머나, 그래? 정말? 그랬어? 음……. 그랬구나 식의 공감 표현
- 명료화하기: 아, 우리 이든이 얘기는 OOO라는 뜻이구나.
- 반영하기: (자녀 말에서 감정 반영) '속상했겠네', '정말 좋았겠다', '뿌듯했겠다'
- 요약하기: 자녀의 말을 압축하여 핵심 내용을 말하기

경청을 위한 3F와 상황별 연습

조용한 도서관에서 책을 읽고 있는데 주변에서 원치 않는 잡음들이 들린다. 휴대 전화 문자 오는 소리, 옆 사람 책 넘기는 소리, 기침 소리, 작은 목소리로 통화하는 소리 등등……. 이것은 내가 귀 기울여 듣는 소리가 아니라 그저 '들리는 소리'다. 주의를 기울이지 않은

채 단순히 듣는 것, 소리를 인지하는 것을 '들린다'라고 표현한다. 잠시 눈을 감아 보자. 그리고 주위에 귀 기울여 보자. 차의 경적 소리, 새가 지저귀는 소리, 아이가 새근새근 잠자는 소리 등 수많은 소리가 들려올 것이다. 듣기 위해 좀 더 가까이 하는 자세, 주의를 기울여 듣는 것을 '듣는다'라고 한다. 상담 중에 고객의 표정, 몸짓, 목소리와 어조의 패턴, 그리고 감정 등을 이해하고 살피는 행위 정도를 '듣는다'라고 표현할 수 있다.

경청은 위의 두 가지 가운데 한 가지를 더 포함한다. 이론적으로 표현하면 '습관적으로 주의 깊게 마음 쓰는 행위. 상대의 이야기를 들으면서, 생각하고 친절하고 예의 있는 자세를 보이며 끊임없이 상대를 위하는 행위'라고 말한다. 쉽게 말하면 자녀의 의도·욕구 등을 파악하며 듣는 것이다.

아이가 잠을 자다 깨어나 울고 있다. 그 자체는 들리는 소리다. 엄마도 아이가 우는 소리에 잠에서 깨어나 생각한다. '우리 아이가 배고픈가? 기저귀가 찝찝한가?' 아이의 상태나 기분을 헤아리는 것이 '듣는다' 정도의 반응이다. 여기서 한 단계 나아가 '얼른 가서 우유를 먹여야겠다', '기저귀를 확인해 봐야겠다'가 경청이다.

경청을 위해서는 Fact(사실)-Feel(감정)-Focus(숨은 의도)의 단계를 거친다. 앞서 말한 사례에서 "여보, 나 ○○에 너무 가고 싶어"라는 말에 "가라"는 반응은 들리는 소리에 대한 반사적 반응이다. 예를 들어 다급한 목소리로 "엄마! 지금 몇 시야?"라고 묻는 자녀의 말에 일상적 음성으로 "어! 9시"라고 반응을 보인다면 이 역시 1단계 수준에서 마친 대화이다. 만약 3단계까지 경청이 이루어진다면 어떤 모습일까?

자녀: (다급한 목소리로) 엄마, 엄마! 지금 몇 시야?

엄마:

  1단계(Fact) - (같은 다급한 목소리로) 어, 9시.

  2단계(Feel) - 뭐 급한 일 있나 보구나.

  3단계(Focus) - 엄마가 뭐 도와줄까?

다음 상황에서 경청을 연습해 보자.

상황

"엄마, 나 이번에 영어 말하기 대회 우리 반 대표로 나가게 됐는데 다른 반에 워낙 잘하는 애들이 나온다고 해서 큰일이야. 걔네들은 다들 영어 유치원 출신이고 외국에서 살다 온 애들도 있어. 망신만 당하는 거 아냐! 아유……."

우리가 경청의 3단계를 배우지 않았다면 일반적인 위로와 격려 수준으로 끝나는 경우가 대부분이다. 엄마 유형에 따른 몇 가지 반응을 보자.

엄마 1(격려형)

"이야, 우리 이든이 이번에 영어 말하기 대회 나가? 그것도 반대표로? 그거면 됐지. 출전하는데 의미가 있지. 너무 등수에 연연해하지 마."

엄마 2(이기자형)

"걱정 마. 엄마가 너 무조건 등수 안에 들 수 있게 선생님 알아볼게. 넌 할 수 있으니까 벌써부터 기죽지 마."

엄마 3(정보형)

"엄마가 심사 위원들 평가 정보 알아볼 테니까 거기에 맞춰서 함께 준비해 보자. 그것만 있으면 잘할 수 있을 거야."

엄마 4(코치형)

"이야, 우리 이든이 반대표로 선출됐다고? 대단하다(Fact). 그런데 다른 아이들에 비해 뒤쳐질까 봐 걱정이 되는구나(Feel). 이든아! 담임 선생님이 우리 이든이를 반대표로 선출한 이유가 뭘까? 그리고 우리 이든이만이 가지고 있는 강점은 뭘까(Focus)?"

자녀의 얘기를 듣다 보면 자녀가 원하는 진짜 이야기를 듣게 된다. 자랑을 오히려 짜증 부리며 할 때도 있고, 기쁜 일이면서도 마치 대수롭지 않은 듯 표현할 때도 있고, 매우 화가 나면서도 아무렇지 않게 표현하는 경우도 있다. 그때마다 표면적 메시지(Fact)만 듣지 말고 숨은 의도가 무엇인지 조금만 귀 기울여 듣는 노력을 한다면 자녀의 마음을 충분히 열 수 있다. 이것이 지금 당장은 어떤 효과가 없을지 모르지만 사춘기를 지내 보면 이런 대화 습관이 부모·자녀 간에 얼마나 끈끈한 연결 고리를 형성하는지 알 수 있게 된다.

경청 실습

사례 1

"엄마, 오늘 축구 경기를 했는데 우리 팀 애들이 패스를 못해서 졌어. 속상해서 그냥 민우한테 짜증 난다고 한 건데 민우는 자기가 못했다고 탓하는 얘기인 줄 알고 화를 내는 거야. 그러다가 싸우게 됐어. 민우 탓을 한 게 아니었는데."

1단계(Fact) - 그랬구나. 민우 탓을 한 게 아닌데 민우가 오해했구나.

2단계(Feel) - 너도 순간 많이 당황했겠네.

3단계(Focus) - 민우랑 오해를 풀기를 바라는 것 같은데 어떤 방법이 있을까?

사례 2

"엄마, 나 이번에 배드민턴 복식 시합에 나가게 되었는데, 학년 구분이

없대. 그럼 당연히 6학년 언니들이 이길 거 아냐……. 이번엔 상을 꼭
타고 싶었는데 에이, 속상해……."

1단계(Fact) – 그래? 배드민턴 시합에 나가게 되었는데 올해는 학년
구분이 없구나.

2단계(Feel) – 우리 딸, 이번엔 꼭 상 타길 기대했을 텐데. 걱정스럽
겠네.

3단계(Focus) – 짧은 기간에 정말 잘할 수 있는 방법이 없을까?

2

아이의 생각을 깨우는
질문의 힘

경청이 마음을 여는 문이라면, 질문은 생각을 여는 문과 같다. 코칭을 만나기 전까지는 강의 도중 들어오는 질문에 맞춰 그때그때 답변하는 훈련에 익숙했다. 그런 습관으로 인해 마치 내가 세상의 모든 정답을 가지고 있는 듯 착각하며 살아왔다. 해결사 같은 습관은 나의 역량과 사고의 폭을 넓히는 데는 좋았을지 몰라도 정작 그 질문을 던진 이의 사고와 역량, 그리고 문제 해결력은 항상 제자리일 수밖에 없다. 그러다 보니 늘 셀 수도 없는 골칫거리를 안고 살아왔다. 가정에서는 엄마·아내·딸로서, 직장에서는 리더로서 또 교육생들에게는 강사로서 늘 생각하고 판단하고 결정하고 해결해야 하는 일들로 숨 쉴 틈 없이 빡빡했다. 모든 게 일을 위한 일의 연속이었다. 문제가 발생하면 직원들은 자동적으로 쪼르

르 달려와 "어떡하죠?"를 연발한다. 나는 순간 얼굴을 붉히며 한숨을 쉬게 된다. 잠시 후엔 격양된 목소리로 처리해야 하는 절차를 일목요연하게 지시하고 있다. 일이 마무리되어도 나는 화를 내고 직원은 죄송해하는 일상이 반복된다. 나는 문제 해결력이 높은 리더는 되었지만 직원들을 성장시키지 못하는 무능력한 리더였을지도 모른다.

그즈음 코칭을 만났고 코칭의 매력에 심취했다. 코칭을 삶에 적용하려 애썼고, 코칭 대화가 생각처럼 쉽지 않아 나 역시도 왼쪽 근육을 쓰듯 삐걱거리며 어색해했지만 연습했다. 업무와 관련한 작은 일에서 코칭을 체험했다. 한번은 이런 일이 있었다. 금요일 점심시간쯤이었는데 다음 주 화요일 오픈하게 될 교육 과정에 투입될 강사가 연락 두절 상태라는 직원의 보고를 받았다. 처음 섭외한 강사라 진작부터 여러 상황이 우려되었지만 잔소리를 줄이고자 마음먹었던 터라 그냥 믿고 지켜봤었는데 아니나 다를까 문제가 발생한 것이다.

내가 코칭을 삶에 적용하겠다고 아무리 마음먹었어도 순간 끓어오르는 화를 주체하는 것은 쉽지 않은 일이었다. 다행히 분출하진 않았다. 예상컨대 예전 내 모습이라면 이렇게 말했을 것이다. "내가 뭐라 그랬어요? 강사 섭외는 2주 전에 마무리 짓고 처음 진행하는 강사는 꼭 시간을 내서라도 직접 만나라고 했잖아요?" 하지만 코치가 되겠다고 마음먹은 그때부터는 조금씩 달라졌다. 끓어오르는 화를 누르며 직원의 마음(감정)을 헤아리는 것은 쉽지는 않았다. 그래도 시도했다. "그래, 수경 씨 많이 난처하겠네요." 이어서 질문으로 들어갔다.

나: 그래요, 수경 씨. 구체적으로 어떤 상황인지 말해 보세요.

직원: 강사가 분명히 다음 주 강의할 수 있다고 지원했고, 하고 싶다고 간절하게 말해서 믿고 있었는데 좀 전에 못할 것 같다고 문자가 왔어요. 몇 번 전화를 해도 안 받아요.

나: 그래요? 지금 상황에서 우리가 할 수 있는 게 어떤 방법이 있나요?

직원: (한참 생각하더니 우물쭈물하며) 일단 강사에게 메시지라도 남겨서 다시 설득해 볼게요.

나: 또 다른 방법을 생각해 본다면요?

직원: 주변에 강사들을 다시 섭외해 보고 공고도 올려 보도록 하겠습니다.

나: 한 가지 방법을 더 생각해 본다면요?

직원: 교육생들에게 양해를 구하고 교육 일정을 좀 연기해서 제대로 된 강사를 구하는 건 어떨까요?

나: 수경 씨 생각엔 몇 번째 안이 가장 현실적이고 모두가 만족스러울 것 같나요?

직원: 저는…… 양해를 구하고 일정을 좀 연기하는 게…….

나: 만약 연기한다면 교육생 입장에서 언제까지 양해할 수 있을까요?

직원: 한 일주일 정도는 가능할 것 같습니다.

나: 일주일 정도면 제대로 된 강사 구하는 데 문제는 없나요?

직원: 네, 충분합니다.

나: 그럼, 지금 뭐부터 해야 할까요?

직원: 교육생들께 전화해서 상황을 설명하고 정중히 양해부터 구하겠
습니다.

나: 알겠습니다. 그렇게 하세요. 제가 뭐 도와줄 건 없나요?

직원: 네. 앞으로 이런 상황이 되지 않도록 좀 더 신중하겠습니다. 원
장님, 죄송해요.

처음 스팟 코칭을 한 결과로는 뿌듯했다. 일일이 해결 방법을 지시하
고 설명해야 했던 과거에 비해 직원 스스로 문제를 해결해 가는 과정
을 보면서 코칭의 강력한 힘을 신뢰하게 됐다. 가장 중요한 것은 그렇
게 잠깐 코칭 대화를 하며 직원과 내가 혼연일체가 되어 팀워크가 생
기고 서로에 대한 신뢰감도 느꼈다는 점이다. 사실 내가 한 것이라곤
몇 가지 질문한 것밖에 없었다. 그 간단한 질문이 갈등을 만들지 않고
직원은 성취감을 느끼며, 문제 해결의 실마리를 찾는 역량까지 발견하
게 되었다. 이것이 '질문의 힘'이다. 질문은 강력한 힘을 가지고 있다.

지역 엄마들이 모여 있는 인터넷 카페에 게시판을 운영한 적이 있
다. 엄마들 생각도 알고 정보도 공유하고 싶었다. 처음에는 코칭에 관
련한 내용을 정기적으로 게시했다. 조회 수가 백 단위로 올라갈 때마
다 뿌듯했다. 그런데 조회 수만큼 댓글 반응이 없었다. 댓글도 '좋은
내용 감사합니다', '도움이 되네요' 이 정도였다. 그들과 생각이나 느
낌을 공유하고 싶었던 내 의도가 빗나가자 나는 방법을 바꿨다. 그날
부터 일주일에 한 번씩 엄마들의 생각을 적극적으로 묻는 '엄마에게

물어봐'라는 제목으로 질문을 했다.

첫 번째 질문은 "아이에게 가장 최근에 했던 칭찬은 무엇인가요? 그때 아이의 반응과 엄마의 기분은 어땠나요?"라는 것이었다. 그러자 한두 명씩 댓글이 달리기 시작했다. 칭찬에 대한 중요성을 길게 말하는 것보다 더 큰 동기 부여를 불러일으키는 것 같았다. 그 이후에도 다양한 질문으로 엄마의 마음을 깨우고 생각을 공유할 수 있었다. "아이가 당신과 닮았으면 하는 점은 무엇인가요? 반면, 절대 닮지 않았으면 하는 점이 있다면?"이라는 질문을 통해서는 엄마 자신의 강점과 장점을 찾아 뿌듯하게 자신을 바라볼 수 있고, 또 닮지 않았으면 하는 점을 생각하면서 자신을 반성할 수 있는 계기가 되었다. "처음 아이가 생겼다는 소식을 들었을 때 기분이 어땠나요? 태어나서 처음 봤을 때 어떤 생각과 느낌이 들었나요?"라는 질문을 통해서는 엄마들의 초심을 다시 끌어낼 수 있었다. 또 자신의 삶이 얼마나 행복하고 감사한지를 느낄 수 있게 하는 질문이었다.

이렇듯 강력한 질문으로 엄마들의 생각을 깨우고, 마음을 깨우고, 행동을 깨울 수 있다. 앞으로 소개될 질문 방법을 우리 자녀에게 지혜롭게 활용하길 바란다.

인류의 문명은 지속적인 질문을 통해 발전해 왔다. 질문을 하는 것만으로 사고의 전환을 할 수 있고 작게는 관점의 변화에서 세상을 움직이는 대단한 변화까지 일어날 수 있다.

질문을 가로막는 질문들

우리나라는 질문하면 큰일이라도 나는 것처럼 여기는 경향이 있다. 매번 강의 시작 전 "궁금한 건 편하게 질문하세요"라고 안내해도, 강의 후 "질문 사항 있나요?"라고 물으면 질문자를 찾기가 여간 어려운 일이 아니다. 그래서 청중의 입장으로 바꿔 생각해 보기로 했다. '나는 과연 자유롭게 질문하는 사람이었던가.' 그렇다. 나도 질문하길 꺼려했다. 그 심리를 들여다보면 배려라는 말로 포장하여 핑계를 대는 듯하다.

> "내가 질문하는 걸 귀찮아하진 않을까?"
>
> "내 질문으로 하여금 다른 사람들 시간을 뺏는 건 아닐까?"
>
> "내 질문이 다른 사람들에게 공감되는 질문일까?"
>
> "내 질문에 상대가 당황해하진 않을까?"

나는 꼭 질문을 해야 하는 시간이 되면 지나치게 생각이 많아졌다. 질문 받는 사람의 생각이 많아져야 정상인데 질문하는 사람의 생각이 더 많다. 대학교 강의를 하다 보면 수업 전, 수업 중, 수업 후 모습이 확연히 다르다. 수업 전에는 삼삼오오 무척이나 활발하던 학생들도 수업과 동시에 자기 자리에서 묵묵히 일하는 일꾼과 같은 태도로 바뀐다.

생동감 있게 질문을 던지기라도 하면 일제히 눈을 피하거나 오히

려 말똥말똥한 눈망울로 해맑게 쳐다보기만 한다. 그래도 몇몇 학생
은 복화술을 하듯 입 모양을 움직이는 성의를 보여 준다. 하지만 누
구 하나 손을 번쩍 들어 자기 생각을 당당하게 표현하는 역동성을
찾아보기 힘들다.

자녀는 성장하면서 다양한 고민거리를 만나게 된다. 그때마다 아
이들은 판단과 선택을 해야 한다. 아이들이 지혜로운 사고와 판단·결
정을 내릴 수 있는 인재가 되길 희망한다면 성인이 되기 전까지 부모
기준과 수준 정도의 정보를 주입하는 것을 뛰어넘어 그들의 사고 폭
을 넓힐 수 있도록 하는 것이 우리의 역할이다. 그것이 코칭이다.

우리는 자녀들에게 앎과 깨달음을 안겨 주기 위해 나름의 방법을
활용한다. 깨달을 때까지 장황하게 설명하는 부모, 따끔하게 야단치
는 부모, 벽을 보고 서 있게 하는 부모, 생각의 의자에 앉아 있게 하
는 부모 등, 그 이상의 다양한 방식으로 자녀를 바른길로 안내하고자
수없이 많은 노력을 기울인다. 하지만 질문을 통해 깨달음을 얻게 하
는 방식이 우리에겐 아직 익숙하지가 않다.

우리도 처음부터 질문이 어색한 유전자를 가지고 태어난 건 아니
다. 우리 부모는 조부모로부터 우리는 부모로부터 또 우리 자녀들은
우리로부터 비슷한 상황에 비슷한 방식의 태도를 보고 학습되어진
다. 비슷한 상황이 연출되면 그때의 경험을 떠올려 자연스레 학습된
태도를 취하는 반복적 대물림이 되는 것이다. 보통 아이는 태어나 만
3세까지 부모의 말과 행동을 모방하며 수동적인 학습을 한다. 그러

다 4세 정도부터 '질문'을 활용하여 능동적으로 정보를 학습한다. "이건 왜 그런 거예요?", "이건 뭐예요?", "왜요?" 똑같은 질문을 반복하며 그들의 끝없는 호기심을 분출한다. 처음에는 부모도 호기심에 가득한 질문에 하나하나 대답해 준다. 그러다가 어느새 지쳐 가는 자신을 발견한다. 특히 대한민국 아빠들은 항상 피곤하다 보니 퇴근 후 식사를 마치고 나서의 모습이 거의 비슷하다. 소파에 비스듬히 누워 텔레비전 채널을 돌리고 스포츠 뉴스를 할 때까지 눈을 껌뻑대다 어느새 깊은 숙면에 빠져든다. 이런 아빠들에게 아이들이 이것저것 질문 공세를 하게 되면 처음 두세 번 답변을 해 주다가도 결국 다시 엄마에게 바통을 넘긴다.

앞장에서도 말했듯 언어적 메시지가 주는 전달력보다 비언어적인 메시지가 가진 힘이 더 강력하다. 귀찮은 듯 보이는 부모 반응은 자녀에게 고스란히 전달되어 자녀 뇌에 '질문을 계속하면 상대방이 귀찮아하는구나', '질문은 실례구나', '질문은 잘못된 건가?' 등 질문에 대한 부정적인 이미지가 각인된다.

아이들이 가지는 지적 호기심을 충분히 채워 주는 것은 매우 중요하다. 부모의 반응에 자녀는 한 단계 성숙해지는 계기가 되기도 한다. 아이의 호기심을 누르는 것은 그만큼 자녀의 지능 발달을 더디게 한다.

서양의 부모들은 어렸을 때부터 자녀 질문을 적극적으로 경청하고 질문하는 행위 자체를 격려한다. 그래서 그들이 더 적극적으로 호기심을 가지고 질문할 수 있도록 한다. 자녀의 난해한 질문에 대한 정답을 말해 주기 전에 자녀의 생각을 되물어 생각의 폭을 넓힐 수 있는 방식을 쓰기도 한다. 이 방법은 아이가 답을 쉽게 알도록 하기 전에 상상력을 더욱 자극시킬 수 있다.

아이 : 엄마! 이건 왜 이런 거예요?

엄마 : 이거? 너는 왜 이렇다고 생각해?

동서양의 양육 태도 차이는 학교로 이어지게 된다. 학생은 질문이 없고 선생님도 질문 방식을 모르니 어색하게 묻고 그러다 보니 학생들 반응도 없다. 답답한 상황은 이어지고 혹여 다른 반과 진도라도 차이 날까 결국 주입식으로 교육하는 것이 서로 편안한 상황이 되어 버렸다. 학교를 끝마치고 집으로 돌아온 자녀를 향해 우리도 질문을 한다. "학교 잘 다녀왔니?", "별일 없었어?", "선생님 말씀 잘 들었어?", "재미있었어?", "친구들과 사이좋게 지냈어?", "시험공부 잘되어 가고 있니?" 등등. 이 질문의 대답은 대부분 "예"로 끝난다. 왜냐하면 그래야 더 이상 귀찮게 묻지 않기 때문이다.

앞으로 코칭을 위해 가벼운 질문부터 시작해 보자. "오늘은 무슨 과목이 즐거웠어?", "오늘 진도는 어디까지 나갔니?", "오늘 하루 중 가장 의미 있었던 일은 뭐야?", "지난번 시험보다 이번 시험에서 뭘 더 노력 하고 있니(점수나 과목이 아닌 태도적인 부분)?"

아이의 잘못은 질문으로 다스려라

서양의 소크라테스, 동양의 공자 그리고 유대인이 제자를 교육할 때 공통점이 있다. 그것은 질문과 대답을 통해 깨달음을 얻을 수 있게 하는 방식이다. 끝까지 답을 가르쳐 주지 않는다. 만약 도움을 요청한다면 해답 대신 또 다른 질문으로 대답한다. 이런 방식을 통해 실제의 정답보다 완전히 다른 방향에서 더 훌륭한 방법이나 답이 창조될 수도 있다. 이 과정을 거치게 되면 당연히 뇌의 활발한 활동과 함께 사고가 확장되어 또래 다른 아이들에 비해 생각의 폭과 깊이가 남달라진다.

부모나 교사는 여태까지 겪어 보지 못한 인내심이 필요하게 될지 모른다. 어쩌면 자녀가 생각하고 있는 시간을 참지 못하고 "이거잖아, 이거", "아이고, 답답해", "답이 뻔한데 무슨 생각이 필요해?"라는 말로 뻗어 나가는 시냅스의 활동을 더디게 할 수도 있다. 이러한 반복은 자녀의 생각을 멈추게 하고 생각할 필요가 없게 만든다. 심지어 생각을 하더라도 표현하는 것에 눈치를 보게 되고 표현 자체를 포기하게 된다. 이들은 대학을 가서도 사회에 나가서도 자신의 생각과 아이디어를 자신 있게 전달하지 못한다. 조용히 있는 것이 중간이라도 간다는 신념을 뼈에라도 새긴 듯 모르거나 궁금해도 질문하지 않고 질문을 받아도 침묵으로 일관한다.

자녀가 글로벌 인재로 성장하길 바란다면 지금부터 질문에 익숙한 환경을 조성해야 한다. 학습에서뿐 아니라 일상에서 다양한 상황이 발생했을 때, 부모가 빠르게 해결하기보다 질문을 던지는 방식으로 훈육하거나 문제를 해결하는 것이다. 예를 들어 자녀가 장난치다 고가의 도자기를 깨뜨렸다고 가정하자. 이전에는 노발대발 소리를 지르거나 크게 야단을 쳤을 것이다. 물론 그런 방식도 자녀가 조심할 수 있도록 가르치는 방법 중 하나다. 하지만 부정적 감정이란 손실을 입게 된다. 이 상황을 아래와 같은 질문으로 다스려 보자.

"이든이 왜 이런 일이 벌어졌지?"

"이런 행동을 아빠가 봤다면 어떻게 생각하실까?"

"이 도자기는 할머니가 엄청 아끼는 물건인데, 할머니 기분이 어떨까?"

"그럼 할머니께 어떻게 하면 될까?"

"앞으로 이러지 않기 위해서 어떤 노력을 할 수 있을까?"

"이든이가 그렇게 한다면 또 어떤 좋은 일이 있을 수 있을까?"

도자기를 깬 것 자체는 아이의 실수다. 그 실수를 저지른 당사자인 아이가 가장 놀랐을 것이다. 그런데 반사적으로 부모가 야단을 친다면 자녀는 부모의 내면을 헤아리기 전에 '엄마는 나보다 도자기가 더 중요한가 봐'와 같은 생각이 자리하게 된다. 결국 문제의 반복은 없을지 모르지만 마음에 상처가 남게 된다.

반면 질문으로 다스리게 된다면 앞서보다는 상황을 객관적으로 바라볼 수 있게 되고 그 일로 인한 영향력이나 상대방의 감정을 헤아리게 되면서 스스로 반성할 수 있는 사고를 할 수 있게 된다. 그리고 근본적인 태도 변화까지도 기대할 수 있다.

효과적인 자녀 코칭 질문

닫힌 질문에서 열린 질문으로

닫힌 질문은 자녀가 생각하지 않고 바로 대답할 수 있는 질문이다. 해답이 하나밖에 없어 누구에게 질문하더라도 기본적으로 같은 대답이 나오거나 "예" 또는 "아니오"로 답할 수 있는 질문이다. 열린 질문은 자녀가 지닌 능력이나 가능성을 확장시켜 주는 질문으로 "예"나 "아니오"로 대답할 수 없는 질문이다. 이런 질문을 받은 자녀는 자유롭게 자신의 관점에서 생각하고 말할 수 있다.

예)

닫힌 질문: 수업 잘 끝났어? / 학원 잘 다녀왔니? / 많이 피곤하지?

열린 질문: 오늘 수업 때 어떤 질문했어? / 어떤 과목이 재미있었어? /

학원 진도는 어디쯤 나갔니?

과거 질문에서 미래 질문으로

과거 질문이란 질문 속에 과거형 단어가 포함된 질문이다. 문제의 원인이나 책임을 묻는 질문으로 가능성을 한정한다는 단점이 있다. 예를 들어 "왜 그렇게 했어?", "이런 상황이 발생된 이유가 뭐야?", "왜 실패했니?"와 같은 질문은 관점을 과거로 보냄으로써 자신이 하지 못한 것에 대한 생각을 자극하여 안 된 것에 초점이 맞춰지게 된다. 물론 과거 질문은 어떤 문제의 해결이나 원인을 알아내기 위해서는 꼭 필요한 경우도 있다. 하지만 과거 질문이 우선시되어 해결책을 찾기보다 질책이나 문제를 더욱 확대시키는 경우가 많다. 코칭에서는 과거 질문을 우선시하기보다 미래 질문으로 바꿔 표현하기를 권한다.

미래 질문은 질문 속에 미래형의 단어가 포함된 질문이다. 앞으로 그렇게 될 것이나 그렇게 될 가능성에 대한 질문으로 자녀의 가능성을 확대시킬 수 있다. 예를 들어 "앞으로 어떻게 할 계획이니?", "이 상황이 계속된다면 예상되는 결과는 뭘까?", "어떻게 하면 성공할 수 있을까?" 등이 이에 속하는 질문이다.

부정 질문에서 긍정 질문으로

부정 질문은 질문 속에 '아니다'라는 의미가 숨어 있는 질문으로 자녀의 의식을 부정적이고 바람직하지 않은 방향으로 이끈다. 예를 들어 "안 되는 이유가 뭐니?", "해결되지 않으면 어떻게 되겠어?", "문제가 뭐야?"와 같은 질문을 들 수 있다.

긍정 질문은 질문 속에 '아니다'라는 의미가 포함되어 있지 않은 질문으로 자녀의 의식을 긍정적이고 바람직한 방향으로 이끈다. 예를 들어 "어떻게 하면 순조롭게 될까?", "바람직한 방법은 뭘까?", "어떤 좋은 방법이 있을까?"와 같은 질문을 일컫는다. 이외에도 다음과 같은 질문들이 있다.

문제점을 명확히 하는 질문

◇ 이번 시험에서 담임선생님이 뭐라 그러셔?

◇ 뭐가 부족했을까?

◇ 준비 단계부터 차근히 살펴볼까?

브레인스토밍 질문

◇ 생각이 떠오르는 건 다 이야기 해 볼까?

◇ 우선 전부 말해 보자.

◇ 아주 작은 것이라도 괜찮으니 말해 볼래?

◇ 그냥 느낌이라도 좋으니 한번 말해 볼래?

대화를 좁혀 나가는 질문

◇ 지금 떠오른 생각을 세 가지로 정리해 볼까?

◇ 제일 중요한 하나를 고른다면?

◇ 어떤 걸 가장 먼저 해야 할까? (긴급한 정도)

◇ 이렇게 하면 우리 OO가 실천할 수 있겠니? (실행 가능성)

◇ ~하면 우리 OO가 마음이 좋을 것 같아? (선호도)

가능성을 확대하는 질문

◇ 시간이 정해져 있지 않다면 어떻게 완성할 수 있을까?

◇ 엄마 아빠가 반대하지 않는다면 어떻게 해 볼 수 있겠니?

◇ 만약에 너에게 OOO한 능력이 있다면 어떨까?

◇ ~하는데 반드시 필요한 것은 뭐니?

자녀의 관점을 바꾸는 질문

◇ 만약 네가 엄마라면 어떻게 할 것 같아?

◇ 네가 생각하는 바른 학생의 모습은 어떤 것일까?

◇ 그렇게 하기 위해 평소 하던 방식에서 어떤 부분을 더 노력하면 좋을까?

자녀가 저항하게 되는 경우의 질문

◇ 이 상황을 그대로 둔다면 어떻게 될 거라 생각하니?

◇ 행동(실천)하지 않는다면 어떤 일이 일어날까?

◇ 네가 변명하지(핑계만 대지) 못하도록 하려면 엄마는 어떻게 해야 할까?

질문 바꾸기 실습

- 엄마가 뭐라 그랬어? ⇨ (관점을 바꾸는 질문) 네가 엄마라면 기분이 어떨 거 같니?

- 왜 자꾸 이렇게 늦게 일어나니? ⇨ (긍정 질문) 조금 더 일찍 일어나려면 어떤 부분을 노력해 볼까?

- 왜 숙제는 미리 안 했니? ⇨ (미래 질문) 어떻게 하면 숙제를 미리미리 할 수 있을까?

- 왜 이리 방이 더러운 거야? ⇨ (미래 질문) 방이 깨끗해지면 어떤 기분이 들까?

- 친구랑 싸웠지? ⇨ (열린 질문) 친구랑 무슨 일이 있었니?

- 너 지난번에도 그랬잖아 ⇨ (문제점을 명확히 하는 질문) 이런 일이 반복되면 어떤 결과가 예상되니?

- 또 쇼핑했니? ⇨ (미래 질문) 네가 생각하는 바른 학생의 모습은 어떤 거야?

- 또 텔레비전 보니? ⇨ (열린 질문) 텔레비전 언제까지 볼 거야?

- 학원 버스 또 놓쳤어? ⇨ (자녀가 저항하게 되는 경우의 질문) 학원 버스 놓치지 않게 하려면 엄마가 어떻게 해야 할까?

- 또 준비물을 안 가져갔어? ⇨ (가능성을 확대하는 질문) 준비물을 잘 챙길 수 있는 방법이 뭘까?

- 숙제 안 할 거야? ⇨ (긍정 질문) 숙제는 언제쯤 할 계획이니?

- 왜 매번 한두 개 틀리니? ⇨ (미래/긍정 질문) 안타깝게 한두 개 틀리지 않으려면 어떻게 해야 할까?

- 왜 학교 갔다 와서 시간 낭비를 자꾸 하니? ⇨ (긍정 질문) 자투리 시간을 잘 활용한다면 어떤 점이 좋을까?

코칭 단계별 질문 기법

1단계 : 마음을 여는 질문의 예

* 엄마도 새 학기가 되어 반이 바뀌면 참 힘들었는데, 네가 적응해 나가려는 모습을 보니 그때가 기억이 나네.

* OO은 어떻게 되어 가고 있어?

* OO에 대해 이야기해 보면 어떨까?

* OO한 이유가 뭔지 말해 줄래?

* 어떤 도움이 가장 필요해?

* 몇 가지 방법을 함께 의논해 봤으면 하는데, 네 생각은 어때?

* 무엇을 가장 먼저 해결하고 싶니?

* 엄마와 얘기가 끝나면 무엇이 해결되었으면 좋겠어?

2단계 : 생각을 여는 질문의 예

* 원하는 결과와는 어떤 차이가 있어?

* 그것이 해결되면 기분이 어떨 것 같아?

* 만약에 ~한 반대가 없다면 어떻게 하고 싶은데?

* 어떻게 되길 바라니?

* 지금보다 나아지기 위해 어디서부터 시작할 수 있을까?

〈행동을 위한 질문〉

* 네가 원하는 것들을 위해 어떤 걸 해 볼까?

* 가장 쉽게 시작할 수 있는 것은 무엇일까?

* 언제부터 할 수 있을까?

* 가장 우선적으로 할 수 있는 건 어떤 것일까?

* 어떤 부분이 해결되면 지금보다 상황이 좋아질 수 있을까?

* 네가 생각하기에 가장 먼저 해야 할 일은 뭐니?

* 무엇부터 시작해 보면 좋을까?

* 한 가지만 고르라면 뭘 고르고 싶어?

* 목표를 이루는 일에 방해가 되는 것은 뭘까?

* 엄마가 어떤 도움을 줄 수 있을까?

3단계: 확신을 위한 질문의 예

* 오늘 엄마랑 한 얘기 OO가 말로 정리해 볼까?

* 지금 기분이 어때?

* 이것에 성공하면 엄마가 어떻게 칭찬해 줄까?

* 엄마랑 이야기하는 중에 어떤 점을 느꼈어?

* OO가 실천했다는 걸 엄마가 어떻게 알 수 있을까?

3

결국 자녀와
피드백이 문제다

 영화 「사도」는 사도세자 일대기를 다루었다. 강남 엄마들 사이 필수 관람작이라 할 정도였다 한다. 아마 자녀 교육에 혈안이 된 자신들을 투영한 듯해서가 아닐까 생각한다.

사도세자는 조선 21대 왕 영조의 아들로 사상 최연소 왕세자다. 어릴 적부터 천재성을 보였고 모든 기대를 한 몸에 받으며 과도한 선행 학습을 받았다고 한다. 갓 돌이 지났을 때 한자를 깨우친 영재로, 24개월에 이미 천자문과 소학을 시작했다. 다섯 살에는 한 달에 두 번씩 20명의 스승 앞에서 시험을 봐야 했다. 이른 나이에 친모와 떨어져 지내야 했고 아버지 영조 역시 엄격하게 자식을 대했다. 아버지와 달리 예술과 무예도 뛰어났고 자유분방한 기질을 지닌 사도세자는 영조의 바람대로 완벽한 세자가 되고 싶었다. 하지만 자신의 진심을 몰라주고 다그치기만 하는 아버지를 점점 더 원망하게 된다. 결국 사도세자는 아버지이기보다는 한 나라의 왕이었던 영조와 아들이기보다는 왕세자로서 갈등을 빚으며 위태로운 관계를 이어오다, 결국 뒤주에 갇혀 아버지에 의해 죽임을 당한 비운의 왕세자가 된다. 이런 영조는 아들에게는 사랑을 주지 못했지만 손자 정조를 대할 때에는 아들을 대할 때와 달리 칭찬을 아끼지 않았다고 한다. 영조대왕이 했던 실수처럼, 우리도 아직까지 자녀를 무참히 뒤주에 가두고 있는 것은 아닌지 돌아봐야 한다.

이와 반대의 사례가 있다. 특별한 재능을 보이는 아이들을 찾아 그들의 잠재력을 관찰하고 더 나은 방향으로 성장시키기 위해 고민하는 「영재 발굴단」이라는 방송 프로그램이 있다. 거기에 출연한 아이 중 여덟 살 희웅이는 화학과 원소, 원자에 대해 놀라운 지식을 드러냈다. 희웅이는 고등학생이나 배울 법한 화학적 지식을 줄줄 꿰며 모든 이의 놀라움을 자아냈다. 희웅이의 부모는 안타깝게도 후천적 청각 장애를 가지고 있었다. 아들의 말을 들을 수 없기에 그들은 언제나 따뜻한 미소와 눈빛으로 아이가 화학 공부를 할 때 옆에서 늘 바라봐 주고 관심을 가져 주는 것으로 애정을 보여 줬다. 희웅이는 영재성 검사 결과 0.6퍼센트 안에 드는 영재로 밝혀졌다. 전문가가 희웅이의 일상을 지켜본 결과, 그의 영재성은 늘 지지해 주고 바라봐 주던 희웅이 부모님의 교육법이 절대적인 도움을 줬다고 진단했다. 그런 부모님의 행동이 희웅이에게 안정감을 비롯해 영재성을 기를 수 있는 토대를 만들어 주었던 것이다.

위의 두 사례를 든 이유는 자녀를 영재로 만들기 위한 방법을 말하기 위해서가 아니다. 모든 부모는 공통적으로 내 자녀가 무한한 가능성의 세계로 뻗어 나갈 수 있기를 바랄 것이다. 진정으로 그들이 잠재된 능력을 발휘할 수 있기를 바란다면 영조와 같이 비난과 질책을 이용하기보다는, 비록 장애가 있지만 자신이 할 수 있는 최선으로 진심 어린 긍정 에너지를 주었던 희웅이 부모와 같은 방법이 분명 큰 도움이 될 것이다.

아들이 어릴 때 읽어 준 해와 바람 이야기가 생각난다. 해와 바람은 지나가던 나그네의 외투를 먼저 벗기는 사람이 승자가 되는 내기를 벌였다. 바람이 먼저 세찬 바람으로 나그네의 외투를 벗겨 보려 하지만 그는 오히려 몸을 움츠리며 외투를 꽁꽁 여몄다. 반면 해가 따뜻한 볕을 내리쬐자 나그네는 땀을 흘리며 하나둘 겉옷을 벗기 시작했다. 나그네의 외투를 벗긴 것은 강한 바람(강요·강제·타의)이 아니라 따뜻한 햇볕(자발·자의·긍정의 힘)이라는 것을 말하는 유명한 이야기이다. 강한 바람처럼 자녀에게 직접적 메시지(잔소리, 지시, 명령)를 전달하기보다는 자녀가 스스로 움직일 수 있게 하는 피드백이 중요하다.

엄마의 유형에 따른 피드백 스타일

피드백이란 부모의 태도·행동과 말을 통해서 자녀에게 미치는 영향이나 원하는 모습 또는 목표에 대비하여 현재의 상태를 전달하는 과정을 말한다. 자녀는 목표나 원하는 모습에 도달하기 위해서, 부모로부터 지속적인 피드백을 필요로 한다. 피드백은 자녀가 원하는 모습·목표 달성을 위해 올바른 경로에 있게 해 주며 현재 있는 위치를 알려 준다.

결혼 전 지금보다 활발하게 강연을 다닐 때 일이다. 천안에 있는 한 연수원 교육을 마치고 그 지역으로 시집간 예전 직장 동료였던 언니 집을 방문했다. 언니는 육아로, 나는 일로 각자 바쁜 삶을 살다 보니 마음먹고 찾아가지 않으면 만나기가 힘들었다. 언니의 딸 미영이가 아장아장 걷기 시작할 때 봤는데 벌써 초등학교에 입학했다는 이야기를 듣고 시간이 빠르다는 걸 새삼 느꼈다. 미영이가 태어났을 때 언니의 음성과 표정이 아직도 생생하다. 예쁘고 사랑스러워 행복이 가득 차 흘러내릴 것 같은 마음의 풍요로움이 느껴졌다. 그러나 불과 6~7년이 지난 지금 언니는 달라도 너무 달라져 있었다. 사랑스럽던 미영이와 언니는 드라마 「사랑과 전쟁」에 나오는 시어머니와 며느리의 갈등처럼 팽팽한 기 싸움을 벌이고 있었다. 그들의 하루는 요즘 말로 '우프다(웃기면서 슬프다의 줄임말)'라는 말이 딱인 듯했다. 다음은 언니와 딸의 대화 일부분을 옮긴 것이다.

엄마: 야, 이 게지배야, 지금 시간이 몇 시인데 아직도 안 일어나?

딸: 일어나려고 했어.

엄마: 너 엄마가 일찍 일어나서 아빠 식사하실 때 같이 하라고 했지!

딸: 밥 안 먹어.

엄마: 그리고 너 일어나면 네 이불은 네가 개라고 했지? 몇 번 말해?

딸: 아, 나중에 또 잘 건데…… 그냥 놔둬.

엄마: 너 이렇게 늦장 부리면 지각하잖아. 안 서둘러?

딸: 뛰어가면 돼.

엄마: 이것 봐, 이것 봐…… 쓰레기통 이게 뭐니? 다 찼잖아. 네가 좀 비우면 덧나니?

딸: 놔둬, 아직 안 넘치잖아.

둘의 대화는 만화영화 「톰과 제리」의 한 장면 같았다. 한 명은 얄미울 정도로 약을 올리고 한 명은 약이 올라 죽겠다는 그런 모습이었다. 한바탕 폭풍이 지나간 듯 미영이가 등교한 후 언니와 나는 커피 한잔하며 가벼운 대화를 나눴다. 결혼 전 여성스럽고 차분했던 언니가 몇 년만에 잔소리꾼으로 변한 모습이 안타까웠다. 그 마음을 조심스럽게 전달하자 입꼬리를 살짝 올리며 모르는 소리 하고 있다는 느낌으로 언니가 한마디 했다. "너도 한번 키워 봐."

그때 정부에서 한창 원활한 소통 문화를 강조해 붐이 일어나 활발하게 소통 전문 강사로 활동하고 있던 터라 언니에게 어렵게 몇 가지 제안을 했다. "언니! 그냥 눈 딱 감고 속는 셈치고 내가 시키는 대로 한번만 해 봐." 언니는 특효약이라도 기대하는 듯 눈을 동그랗게 뜨고 나를 바라봤다. 하지만 내가 제안한 방법은 의외로 간단했다. 엄마들은 보통 평소에 잘하는 모습보다 잘하고 있지 않은 모습을 잔소리라는 방식을 활용해 잘될 수 있도록 애쓴다. 그래서 앞으로는 잘되지 않는 것을 찾기보다 잘되고 있는 것을 찾아서 칭찬하라는 것이었다. 그러자 예상했던 반문이 나온다. "얘! 잘하는 구석이 없는데 그게 되겠니?"

그런데 잘 살펴보면 정말 아이가 칭찬받고 엄마가 감사할 일이 드물까? 그보다 엄마가 긍정적인 거리를 찾는 습관이 안 되어 있거나 관점을 안 되는 모습에 맞추고 있어서일지 모른다. 나를 포함한 이 책을 읽는 독자 대부분은 보통 아무 문제없이 잘 돌아가는 상황은 당연하고 그렇지 않은 것에만 집중해서 불평을 해 본 경험이 있을 것이다. 하지만 잘 생각해 보면 잘되고 있지 않은 것보다 잘되고 있는 것이 훨씬 더 많다. 그럼에도 잘되고 있는 일상을 당연하다고 생각하고 지나친다. 언니의 반응도 예상했던 그대로였다.

"얘, 그 꼴을 어떻게 보니? 엉망진창을 해도 참고 기다리라는 거야?"

이 상황에서 기다리지 못하는 사람도, 엉망진창인 상황을 참지 못하는 사람도 당사자인 미영이가 아닌 바로 엄마다. 엄마는 참지 못하고 기다리지 못해 화가 나는데 미영이는 아무렇지 않다는 것이 그들의 갈등 원인이다. 이런 차이를 좁힐 수 있는 방법은 엄마가 자녀를 맞추든 자녀가 바뀌든 두 가지 중 하나다. 어쨌든 개선이 필요한 것은 사실이다.

미영이도 분명히 알 것이다. 자신이 어떻게 하면 엄마의 기분이 좋은지. 다만 아직 어리고 그런 습관이 몸에 배어 있지 않고 또 귀찮기도 하고 의지가 약하다 보니 엄마의 기준을 맞추지 못하는 것이다. 그렇다고 열 번 중에서 열 번 다 엄마의 기준을 맞추지 못하는 건 아닐 것이다. 만약 열 번이 부족해도 딱 한 번 잘할 때까지, 아이 스스로 엄마의 얘기를 지킬 때까지 기다려 보자. 설마 1~2년씩 걸리지는 않을 것이다. 미영이도 쓰레기통이 넘치기 직전까지 버티다 언젠가는 버린다. 그때 엄마는 마음을 다해 있는 힘껏 칭찬해 주면 된다. 칭찬할 때 결과는 물론이고 과정까지 꼭 언급해 주면 몇 배 더 효과가 있다. 물론 처음에는 마음에서 우러나오지 않을지도 모른다. 그래도 꼭 한번 해 보길 권한다.

엄마들 유형에 따라 피드백 스타일도 나뉜다. 보통 주도형 부모나 신중형 부모는 피드백 시에도 비평가적인 모습을 보인다. 앞에서도 언급했듯이 주도형 부모는 자신에 대한 기대 수준은 낮은 반면 상대에 대한 기대 수준이 높다. 신중형은 자신과 상대에 대한 기준이 둘 다 높다. 두 가지 유형 모두 상대에 대한 기대 수준이 높다 보니 어느 정도 수준으로 해도 칭찬에 앞서 비평이 나갈 확률이 높다.

두 번째는 치어리더와 같은 파이팅 형이다. 이들은 사교형 부모에게서 주로 나타나는데 어떤 상황에서도 긍정적 측면을 보며 응원한다. 예를 들어 "잘했어", "그럴 수도 있지", "다 잘될 거야"와 같은 태도로 자녀를 늘 응원한다. 이들 부모는 자신과 자녀에 대한 기대가 둘 다 낮기 때문에 자녀에게 매우 관대하다. 단, 감정적이다 보니 뜻하지 않게 버럭버럭 잔소리를 쏟아 내고 뒤돌아서서 후회하는 경우가 잦다.

세 번째는 애매모호형이 있다. 자신의 생각을 반영하는 것이 아니라 선생님이나 주변 가족들의 이야기나 평가에 초점을 두고 피드백한다. 안정형 부모에게서 자주 나오는 방식인데 "아빠가 이렇게 하는 걸 좋아하지 않으셔", "선생님이 이렇게 하라고 하셨는데" 등 상대의 입장이나 이야기를 반영한다.

마지막으로 코치형이다. 코치형 부모의 피드백은 결과나 성공 여부를 넘어 자녀의 행동과 활동들에 초점을 맞춘다. 자녀가 잘하고 있을 때나 변화가 필요할 때 피드백을 제공하고 자녀의 행동과 상황에 대해 사실적 측면에서 솔직하고 직설적이지만 상대의 감정이 상하지 않게 표현한다. 코치형 부모의 피드백은 자녀의 강점은 더 강화시키고 약점이나 제한점은 발전적이고 긍정적 방향으로 개선시킬 수 있다.

자녀의 자존감을 살리는 피드백

매년 11월에서 12월 정도가 되면 씁쓸한 뉴스 기사를 접한다. 수능을 마친 아이들이 시험 결과를 비관해 자신의 꿈을 피워 보기도

전에 자살하는 사건이다. 비슷한 사건으로 한때 카이스트 재학생들이 연이어 자살하는 일들이 있었다. 카이스트는 우리나라 상위권 아이들만 모인 엘리트 집단이다. 그런데 그들이 비극적 결말을 선택할 수밖에 없었던 이유는 뭘까?

거시적으로는 우리나라 교육 제도를 비판하고 그들을 동정하고 애도한다. 물론 바뀌어야 하는 것이 사실이다. 하지만 대부분이 원하는 결과가 아니라고 같은 방법을 택하지는 않는다. 시험 결과에 속상해하지만 그 상황을 딛고 일어나 또 다른 도전을 선택하기도 한다. 이 두 집단은 성장 과정에서 어떤 피드백을 주로 받아 왔는지에 따라 다른 결과를 가져온다. 예를 들어 우리 자녀는 상위권 성적을 몇 년째 유지하고 있다. 그런데 이번 시험 결과를 봤더니 형편없이 시험을 보고 왔다. 이때 어떤 반응일 것 같은가? 잠시 눈을 감고 상상해 보자.

자녀를 건강하게 성장할 수 있게 하는 부모는 결과보다는 과정을 인정한다. 그리고 성적보다 더 중요한 것은 자녀 자신임을 인정하고 감사함으로써 자녀의 자존감을 높여 준다. 또 상심하고 있는 아이의 마음을 헤아려 주고 격려해 준다. 한편으로는 갑작스러운 성적 하락의 원인이 다른 이유가 있는 것은 아닌지 자녀와 진지한 대화를 통해 같이 공감하고 해결하고자 노력한다.

반면 자녀를 벼랑 끝으로 내모는 부모는 그들이 원하는 성적을 받아 올 때만 칭찬한다. 과정보다는 등수, 내신 등 결과에만 집착한다. 그리고 기준에 맞지 않은 성적일 경우 비난하거나 야단으로 이어진다. 이런 부모 밑에서 자란 자녀는 '성적만이 부모에게 인정받는 지름길'이라고 각인되어 상위권을 놓치지 않고자 안간힘을 다한다. 하지만 세상이 어찌 자기 뜻대로만 다 되겠는가? 원치 않은 결과라도 받게 되면 결국 부정적 생각을 하게 되고 나쁜 결정을 내리고 만다.

몇 해 전 '엄친아'라고 불릴 정도로 주변에서 모범생으로 유명했던 한 아들이 엄마를 무참히 살해한 사건도 이와 같은 이유였다. 남편과 이혼한 후 아들과 단둘이 살던 엄마는 아들 하나만을 바라보며 모든 일과를 아들의 명문대 입학과 성공과 발전을 위해 맞췄다. 아들이 시험 기간이면 같이 밤을 새고 아들의 일거수일투족을 감시하며 성적 관리를 했다. 목표한 점수가 아니면 그날 밤은 엉덩이가 터지도록 야구 방망이로 맞는 일이 다반사였다. 아들은 살기 위해 성적표를 조작했고 엄마의 기대치는 점점 더 높아졌다. 몇 년간 감옥과 같은 삶을 살던 이 아이는 '이러다 죽을 수도 있겠구나' 하는 불안감에 자고 있던 엄마를 무참히 살해하고 말았다.

네 명의 아이가 있다. 첫째는 성적만 높고 자존감이 낮은 아이, 둘째는 성적은 낮고 자존감은 높은 아이, 셋째는 성적도 낮고 자존감도 낮은 아이, 넷째는 성적도 높고 자존감도 높은 아이다. 아마 네 번째 경우가 금상첨화이겠지만 등수와 등급을 따지는 우리나라 교육에서 정해진 소수의 상위권에 우리 아이가 없다면 차선책으로 성적은 안 좋지만 자존감이 높은 아이로 키우는 게 나머지 두 부류의 아이들보다 훨씬 더 경쟁력이 있다.

지금부터 올바른 피드백을 통해 자녀가 건강하게 성장·발전하는 방법을 알아보자. 피드백은 특정 상황에서보다 일상에서 자연스럽게 활용하는 것이 좋다. 피드백에는 긍정적 피드백과 발전적 피드백이 있다. 여기서 중요한 것은 긍정적 피드백 다음에 부정적 피드백이 아닌 발전적 피드백이 와야 한다는 사실이다. 피드백은 잘할 때도 필요하지만 잘하지 못할 때도 필요하다. 잘하지 못할 때 잘할 수 있도록 하는 것, 즉 발전적 방향을 지향하기 때문이다. 대부분 부모들은 발전적 방향을 지향하면서도 잘못된 표현 방식으로 인해 부정적인 피드백, 즉 잔소리를 하게 된다.

긍정적 피드백은 자신감을 강화시키는 칭찬과 인정이라고 한다면 발전적 피드백은 발전이 필요한 부분에 행동 계획을 세우거나 태도 변화에 도움이 되는 피드백이다. 또 긍정적 피드백은 바람직한 행동의 유지나 강화 및 증가를 위함이라면 발전적 피드백은 바람직하지 않은 행동의 중지 및 바람직한 행동으로의 변화를 목적으로 한다.

그 외에도 자녀를 향한 비난, 잔소리, 부정적 몸짓이나 자세, 눈빛, 표정, 뉘앙스 등은 자녀의 변화는커녕 자녀를 망치는 지름길이다. 이것은 긍정적이지도 발전적이지도 않은 부정적 피드백이다. 부정적 피드백으로 자녀의 행동에 변화를 줄 수 있을지는 모르지만 딱 그만큼의 상처와 트라우마가 우리 자녀 어딘가에 자리하게 된다는 것을 잊지 말아야 한다.

긍정적 피드백

긍정적 피드백은 자녀의 행동에 긍정적이고 미래지향적인 피드백을 표현함으로써 동기를 부여하고 자신감을 갖게 하며, 인간관계를 개선할 수 있게 만든다. 또한 긍정 행동을 강화할 수 있는 최고의 수단이다. 칭찬과 인정을 하기 위해서는 자녀의 장점에 집중해야 한다. 피드백 방법은 다음과 같다.

3A와 긍정적 피드백

긍정적 피드백을 하는 방법은 3단계로 나뉜다. 첫째는 잘한 행동에 대한 언급이다. 예를 들어 자녀가 과제를 시간에 맞춰 완수하였을 때 "시간에 맞춰 과제를 완성했구나"와 같이 객관적인 사실을 제시한다. 두 번째는 그것을 행한 자녀의 동기나 노력, 능력을 인정하는 부분이다. "요즘 과제가 많아 힘들었을 텐데 주말 내내 열심히 하더니 대단해." 세 번째는 자녀에 대한 감사 표현이다. "그래, 네가 이렇게 스스로 해내니까 엄마도 예전보다 수월해져서 얼마나 뿌듯하고 고마운지 몰라."

Act(행동): 잘한 행동에 대한 언급

Actor(사람): 행동한 사람의 동기, 노력 및 능력을 인정

Appreciation(감사): 사람에 대한 감사 표현

위와 같은 순으로 표현하는 것을 연습해 보자.

하교 후 일찍 들어와 숙제를 하고 있는 자녀에게

Act(행동): 이야! 오늘도 일찍 들어와 숙제하고 있네.

Actor(사람): 우리 이든이 부지런함은 알아줘야 해.

Appreciation(감사): 이든이의 부지런함은 엄마도 많이 배우게 돼. 고
마워.

"우리 아들 이든이는 정말 부지런합니다. 아침에 일어나면 바쁜 엄
마를 위해 스스로 방 청소와 정리 정돈을 돕습니다. 이든이 덕분에
우리 가족들은 모두 아침 시간을 효율적으로 보낼 수 있고 다른 엄
마들처럼 자녀를 챙기느라 동분서주하지 않습니다."

위 사례를 앞서의 AAA(행동-사람-감사) 단계에 맞춰 그룹별로 긍정
적 피드백을 만들어 보자.

→ 이든아! 너도 아침에 피곤할 텐데(사람) 늘 스스로 방 청소와 정리
정돈을 도와줘서(행동) 정말 고마워(감사). 그런 모습을 보니(행동)
엄마가 얼마나 힘이 나고 고마운지 몰라(감사).

'행동-사람-감사'의 순이라고 해서 꼭 그 순서를 맞출 필요는 없다. 앞에서처럼 상황에 따라 적절하게 언급해 줘도 된다. 여기서 중요한 점은 행동보다는 그 사람에 대한 인정이 핵심이 되어야 한다는 것이다.

발전적 피드백

발전적 피드백을 하는 방법도 3단계로 나뉜다. 첫째는 긍정적 피드백 때와 동일하게 사람이 아닌 구체적 행동에 대한 언급이다. 만약 자녀가 연락도 되지 않고 늦게 들어왔다고 가정하자. 여기서 자녀의 행동은 연락이 되지 않고 들어오지 않은 것이다. 이어서 두 번째 단계는 그 행동이 미치게 되는 영향을 언급한다. 이 부분이 중요하다. 피드백을 받을 때 가끔 비난받는 듯한 느낌을 받는 이유는 행동이 미치게 되는 영향이나 포커스가 아닌 그 행동을 한 사람에 대한 언급 때문이다. 세 번째 단계로는 앞으로 바라는 모습이나 바람직한 결과 등을 말한다. 자연스럽게 표현하면 다음과 같다.

"○○야, 네가 연락도 안 되고 늦게 들어오니까(행동) 가족들이 걱정이 되어서 잠도 못 자고 불안해하고 있잖니(영향). 앞으로 늦게 되는 일이 있으면 미리 전화를 주던지 가급적 9시는 넘기지 않았으면 좋겠다(바람직한 결과)."

3단계 발전적 피드백

Act(행동): 사람이 아니 구체적 행동 언급

Impact(영향): 그 행동이 미치는 영향

Desired outcome(바람직한 결과): 앞으로 바라는 행동에 대해 구체
적으로 말함

사례

매일 아침 지각하는 학생에게

Act(행동): 이든이 이번만 벌써 세 번이나 지각했네.

Impact(영향): 학교에 지각하는 건 네가 쌓아 온 신뢰를 떨어뜨릴 수
있어. / (또는) 반에 늦게 들어오면 다른 아이들 자습 시간에 방해될
수 있잖아.

Desired outcome(바람직한 결과): 내일부터는 조회 시간 10분 전에
도착할 수 있도록 해.

피드백 시 고려 사항

· 긍정적 피드백과 발전적 피드백의 최소 비율 3 : 1이다.

· 긍정적 피드백과 발전적 피드백은 구분하여 전달한다.

· 피드백의 핵심은 행동에 대한 언급이다.

· 가치에 대한 피드백이나 사람 자체를 바꾸려고 하는 피드백은
지양한다.

- 발전적 피드백과 호통, 꾸지람, 인신공격과는 구분한다.
- 무엇보다 발전적 피드백을 하기에 앞서 상대가 피드백을 수용할 준비 상태가 되었는가를 확인한다.

실생활에서 피드백 사례

긍정적 피드백 실습 사례

아들이 야구장을 가는 것을 좋아해서 어린이날에 야구장을 가기로 했어요. 그런데 전날 아들이 야구장 가기 전에 숙제를 다 해 놓은 거예요. 그래서 "시간 활용을 잘한 것 같네(행동). 많은 걸 해내느라 애썼겠다(사람). 엄마가 먼저 말하지 않게 해 줘서 고마워(감사)"라고 했어요.

아들이 원래 집에 일찍 오지 않는데 그날따라 일찍 왔어요. 수업에서 배운 것이 생각이 나서 이렇게 말했어요. "어머나, 일찍 들어왔네(행동). 더 놀고 싶었을 텐데 엄마랑 약속 지켜 줬구나(사람). 엄마 말 잊지 않고 들어줘서 정말 고마워(감사)"라고 표현했어요. 긍정적 피드백(칭찬)을 왜 그 전에는 몰랐을까? 하는 생각이 들더라고요.

앞의 두 사례에서 엄마들의 노력을 엿볼 수 있다. 그래서 두 분에게 이렇게 칭찬했다.

"두 분 수업 시간에 배운 걸 제대로 행하셨군요(행동). 노력하시는 모습이 코칭맘다우세요(사람). 이렇게 열심히 해 주셔서 저도 얼마나 고마운지 몰라요(감사)."

물론 긍정적 피드백은 좀 쉽고 단순하게 해도 되겠지만 이렇게 구체적으로 할 때 그 행동의 동기가 강화될 수 있다.

발전적 피드백 실습 사례

사례
1

학원 가기 전에 시간을 넉넉하게 두고 출발했으면 하는데 버스 오기 5분 전에 나가는 거예요. 그래서 "○○야, 빠듯하게 나가게 되면 버스 놓치잖니(행동). 중간에 들어가면 애들 수업에 방해되니(영향) 내일부터는 5분만 더 일찍 서둘렀으면 좋겠구나(바람직한 결과)"라고 말했어요.

사례
2

다음 날 학교에 내야 할 수행 평가가 있는데 늦장을 부리고 있는 거예요. "내일 수행 평가 있는 걸로 아는데 늦장 부리는 것 같네(행동). 평가 결과가 나와서 네가 속상해할 모습을 생각하니 걱정돼(영향). 얼른 일어나 준비했으면 좋겠네(바람직한 결과)"라고 말해 줬어요.

사례 3

자전거를 타고 큰길가로 나가는 아들 목격했어요. "○○야! 아까 자전거 타고 큰길가로 나가더구나(행동)! 거긴 차들도 다니니 운전자들도 놀라고 너도 다치게 될까 봐 정말 걱정이야(영향). 앞으로 꼭 자전거 도로에서만 타길 바란다(바람직한 결과)"라고 말했어요.

긍정적 피드백에 비해 발전적 피드백을 활용하는 것이 좀 더 어렵다. 사례 1)에서는 "너 빨리빨리 안 서둘러!" 사례 2)에서는 "내일 수행 평가 있다면서 참 천하태평이구나." 사례 3)에서는 "너 어쩌려고 위험하게 큰길로 나가니? 한 번만 더 엄마 눈에 띄기만 해"와 같은 말이 더 익숙하다. 이런 말들도 당연히 자녀를 염려하고 걱정하는 마음에서 하는 말이다. 하지만 잔소리와 발전적 피드백의 결정적 차이는 자녀가 어떻게 받아들이느냐에 따라 확연하게 결과가 달라진다는 점이다. 무엇보다 잔소리는 듣기 싫어 어쩔 수 없이 행하지만 발전적 피드백은 엄마가 자신을 사랑하는 마음에서 진심으로 하는 말이라는 걸 아이가 느낀다는 차이가 있다.

4

자녀의 잠재력을 깨우는
스팟 코칭

지금까지 코칭 대화를 위해 다양한 스킬과 방법을 익혔다. 요리로 말하자면 정성껏 다듬어진 신선한 재료가 준비된 상태다. 이제부터는 양질의 재료를 가지고 일품요리를 만드는 건 각자의 손에 달렸다. 요리에 일가견이 있는 고수들은 숙련된 손끝으로 뚝딱 한 상 차리겠지만, 요리 초보자들에게는 잘 정리된 레시피가 필요하다. 물론 레시피대로 한다고 해도 차이는 난다. 담는 접시에 따라 형태가 다르고, 냄비에 따라, 또 요리하는 사람의 손맛에 따라, 때로는 재료의 생산지나 가공법에 따라 오차가 있더라도 요리사의 진심과 정성이 깃든다면 그것을 먹는 사람들에게 정성과 마음이 전달될 수 있다.

요리 재료는 2장에서 소개된 코칭맘이 되기 위한 방법들과 3장에서 소개한 코칭 스킬(경청, 질문, 피드백)이다. 요리사는 지혜로운 엄마가 되겠다고 다짐한 지금 이 책을 읽고 있는 엄마이며, 레시피는 앞으로 소개될 코칭 대화 프로세스다.

코칭맘의 5단계 코칭 대화 프로세스

1단계 : 수용적 분위기를 만들어라

코칭 대화는 수용적인 분위기를 만드는 것에서 시작된다. 엄마와 마주하고 앉아 있는 것 자체가 자녀에게는 압박일 수 있다. 또 완벽하지 못한 자녀의 행동을 지켜보는 엄마 역시 답답하고 힘들 수 있다. 그렇다고 해서 먼저 개선 사항을 지적하고 나서는 것은 조심해야 한다. 제대로 시작도 하기 전에 자녀 마음을 닫게 할지 모른다. 또 자녀가 느끼고 있을지 모르는 불안감을 외면하고 대화를 시작하는 것도 부정적 결과를 초래할 수 있다. 따라서 올바른 코칭을 위해서는 서로 수용적인 분위기가 조성되어야 한다. 엄마가 자녀의 긍정적 측면을 보려고 마음먹으면 실제 코칭에서도 긍정적인 면을 볼 가능성이 크다. 그래서 자녀와 대화를 하고자 한다면 엄마의 마음이 깨끗한 상태여야 한다.

수용적 분위기 단계에서의 팁

- 가벼운 질문을 통해 자녀가 먼저 말하게 하고 그다음에 엄마

가 이야기한다.

- 엄마가 평가를 내리기 전에 자녀가 먼저 이야기하게 한다.
- 자녀가 목표 설정 전 단계에서 왜 그런 문제가 발생했는지 원인을 완전히 알지 못하면 최적의 해결책을 찾을 수 없다.

코칭맘 스쿨에서 엄마들의 자녀 코칭 이슈(주제)들은 자녀 행동이나 태도에 관한 것이 대부분이다. 예를 들어 "하지 말라는 것을 반복적으로 해요", "OO하겠다고 고집을 부려요", "이런 습관이 안 바뀌어요" 등 대부분 자녀가 개선했으면 하는 내용으로 시작한다. 엄마들은 늘 목청을 높여 자녀를 위한 바른 방향을 안내하지만 원점으로 돌아온다고 말한다. 엄마들은 자녀의 문제 행동을 발견하는 데는 족집게 수준이다. 하지만 자녀가 그런 부적절한 방법으로 행동하는 것에 대한 이유나 이해는 부족한 편이다. 여기서 중요한 것은 인정하고 수용하라는 게 아니라 아이 입장에서의 이해이다. 이것은 자녀가 왜 그렇게 행동하는지에 대한 애정 어린 호기심에서 출발해야 한다. 추측은 관계와 대화를 흐트러뜨린다. 추측보다는 그냥 묻는 것이 더 자녀를 존중하는 모습이다. 예를 들어 "너 OO해서 그렇지? 그래서 그런 거잖아"보다는 "OO을 반복적으로 하는 것 같은데 어떻게 생각하니?", "OO하겠다고 주장하는 이유를 설명해 줄 수 있겠니?"와 같이 그냥 순수하게 호기심을 가지고 묻는 자세가 필요하다.

분명 자녀의 행동과 태도에는 그럴만한 이유(원인)가 있다. 다만 엄마의 기준이나 사회적 기준에서 바르지 않다고 판단하고 헤아려 주지 않는다면 수용적 분위기를 만드는 1단계에서부터 틀어질 수밖에 없다. 예를 들어 배고프다고 좀 전까지 말한 아이가 밥을 차려 주면 먹지 않고 장난만 친다. 이성적으로 보면 이해되지 않는 행동이지만 내면을 들여다보면 아이의 다양한 욕구가 있을 수 있다. 엄마의 반응이나 자극을 필요로 하고 있을 수도 있다. 관심받고 싶어 그런다거나 잘못된 애정 욕구를 충족받고 싶어 그럴 수도 있다. 아이들은 아이들의 니즈를 올바르게 표현하는 방식을 다 배우지 못했다. 그래서 아이의 세상에서는 그것이 잘못되었다고 인식하지 못할 수도 있다. 자녀 마음을 헤아리지 않은 채 바른 방향이라고 일방적으로 끌고 가면 안 된다. 아이들은 그것을 오롯이 받아들이기가 쉽지 않다. 수용적 자세로 충분히 아이의 마음과 생각을 열어 들여다보고 그 안에서 코칭을 통한 개선 방향을 찾아보는 자세가 필요하다. 앞서 배운 매칭 대화, 공감 화법, 감정 헤아리기 등을 활용하면 좋다.

또 코칭을 위해 이슈(주제)를 엄마가 강하게 언급하게 되면 자녀는 방어적으로 다음과 같은 반응을 할 수도 있다. 예를 들어 "너 요즘 OO 부분이 좀 안 되는 것 같은데 엄마랑 얘기 좀 하자"라고 했을 때 자녀의 반응은 보통 다음과 같다.

"내가 알아서 할게요."

"내가 엄마 실망시킨 적 있어? 결과만 가져다주면 되잖아."

"엄마가 왜 마음대로 생각해?"

이런 반응이 일어나는 이유는 이미 엄마가 자녀의 안 되는 행동을 언급했기 때문이다. 아이 입장에서는 자신을 지적하고 있다고 생각할 수 있다.

수용적 분위기를 만들 수 있는 질문을 정리해 보았다. 여기서 중요한 점은 꼭 아이가 대화를 나눌 의향이 있는지 물어봐야 한다는 것이다. 만약 거부한다면 언제쯤 얘기를 나눌 수 있을지 자녀에게 결정 기회를 넘겨 보자. 그러면 시간을 가지면서 자녀도 엄마와 나눌 이야기를 좀 더 고민할 수 있다.

＊유용한 질문

◇ 요즘 ○○은 어떻게 되어 가고 있어?

◇ 엄마랑 ○○에 대해 얘기해 보는 건 어떨까?

◇ 이번 여름 방학 기간에 대해 얘기를 나눠 볼까?

◇ 지난번 시험에 대해 같이 살펴볼까?

◇ 엄마도 새 학기가 되어 반이 바뀌면 참 힘들었는데, 넌 어때?

◇ ○○한 이유가 뭔지 말해 줄래?

◇ 어떤 도움이 가장 필요해?

◇ 몇 가지 방법을 함께 의논해 봤으면 하는데, 네 생각은 어때?

◇ 무엇을 가장 먼저 해결하고 싶니?

2단계: 마침표를 열어라

두 번째 단계에서는 목표나 대화 주제를 좀 더 명확히 하는 단계다. 이때는 자녀 자신이 진지하게 생각하고 정할 수 있도록 한다. 엄마는 자녀 스스로 생각하고 목표나 주제를 정할 수 있도록 충분히 기다릴 수 있어야 하고, 자녀가 마음을 편안히 할 수 있도록 해야 한다.

* 유용한 질문

◇ 네가 정말 이루고 싶은 것은 무엇이니?

◇ 엄마랑 대화하면서 가장 해결하고 싶은 게 뭐야?

◇ 무엇에 관해 이야기하면 좋을까?

◇ 그중에 무슨 이야기를 좀 나눠 볼까?

◇ 어떻게 됐으면 좋겠어?

◇ 지금보다 좋아지기 위해 뭐부터 할 수 있을까?

◇ 엄마와 대화하면서 뭐가 해결됐으면 좋겠니?

◇ 원하는 모습과 어떤 차이가 있어?

◇ 그것이 해결되면 기분이 어떨 것 같아?

◇ 만약에 ~한 반대가 없다면 어떻게 하고 싶은데?

◇ 어떻게 되길 바라니?

◇ 지금보다 나아지기 위해 어떤 것부터 시작할 수 있을까?

3단계: 강점을 발견하라

목표나 주제가 정해지면 다음은 그 목표가 달성되기 위해 자신이 어디쯤 있는지 파악하고 목표(해결하고 싶은 결과)와 차이가 무엇인지를 인식한다. 3단계는 자녀의 목표(원하는 모습)와 현재 위치를 연결할 튼튼한 다리를 구축하는 방법 찾기 과정이다. 방법을 찾다 보면 엉뚱하거나 현실적으로 맞지 않는 것도 떠오를 수 있다. 그런 것에 한숨 쉬지 말고 자녀의 잠재력에 박수를 보내자. 예를 들어 "지금 그걸 말이라고 하니?", "장난스럽게 하지 말고……", "생각이 그 정도밖에 안돼?" 등의 말로 자녀의 상상력과 창의적 아이디어를 차단하지 않길 바란다. 그러다 보면 행동으로 옮길 수 있는 구체적인 방법이 나올 수 있다.

* 유용한 질문

◇ 우리 ○○는 목표를 이루기 위해 어떤 걸 시도해 봤어?

◇ 네가 생각(목표)하는 상황을 떠올리니 기분이 어때?

◇ 목표를 이루려고 할 때 힘든 점(장애물)이 어떤 거니?

◇ 나중에 방송국에서 인터뷰 오면 어떤 이야기를 해 주고 싶어?

◇ 지금까지는 어떤 방식으로 해 왔니?

◇ 네가 가지고 있는 재능(좋은 점)은 뭘까?

◇ 네가 원하는 모습을 10점으로 봤을 때 지금은 몇 점 정도니?

◇ 네가 원하는 것들을 위해 어떤 걸 해 볼까?

◇ 가장 쉽게 시작할 수 있는 것은 무엇일까?

◇ 현실적으로 가정 좋은 방법에는 뭐가 있을까?

◇ 가장 우선적으로 할 수 있는 건 어떤 것일까?

◇ 어떤 부분이 해결되면 지금보다 좋아질 수 있을까?

◇ 한 가지만 고르라면 뭘 고르고 싶어?

4단계: 의지를 다져라

다양한 대안과 방법들을 생각했다면 이제는 정리하고 계획하는 과정이다. 최상의 실행 가능한 대안을 찾고 구체적인 행동 계획을 세우는 것이다. 여기서 중요한 것은 자녀가 자발적으로 계획을 세워야 책임감을 더 강하게 가지고 실행한다는 점이다. 그러므로 자녀가 자발적으로 참여하게 만드는 것이 중요하다.

* 유용한 질문

◇ 무엇부터 시작해 보면 좋을까?

◇ 언제부터 할 수 있을까?

◇ 누군가의 도움이 필요하니?

◇ 네가 말한 방법이 성공했다는 걸 엄마가 어떻게 알 수 있을까?

◇ 새로운 행동 계획에 대해 어떻게 노력할 거야?

◇ 가장 우선적으로 할 수 있는 것은 무엇이니?

◇ 목표를 이루는 일에 방해가 되는 것은 뭘까?

◇ 엄마가 어떻게 도와줄까?

◇ 네가 생각하기에 가장 먼저 해야 할 일은 뭐니?

5단계: 긍정적인 감정으로 마무리하라

코칭 대화에서 중요한 건 한 번의 성과나 변화가 아닌 점진적인 발전이고 성장이다. 즉, 한 계단씩 밟아 가는 과정이다. 마무리 단계에서는 아이로 하여금 다시 한 번 실천 가능하다는 의지를 다지게 하고 실천 계획을 스스로 정리하여 상기시키는 것으로 코칭을 마무리한다.

＊유용한 질문

◇ 지금까지 한 이야기를 짧게 정리해 볼래?

◇ 오늘 이야기하면서 어떤 기분이야?

◇ 하느님은 지금 네 모습을 보시면 뭐라고 하실까?

◇ 10년 후에 너를 되돌아본다면 어떤 기분이 들 것 같아?

◇ 엄마랑 대화하면서 어떤 느낌이었어?

◇ 언제 또 오늘 같은 이야기 나눠 볼까?

◇ 성공했을 때 어떤 일들이 일어날까?

프로세스 코칭 vs. 스팟 코칭

자녀가 어느 정도 성장하기 전에는 프로세스 코칭을 완벽하게 활용하기 어렵다. 물론 자녀의 집중력이나 사고력에 따라 차이는 있다. 하지만 스팟 코칭은 유아에서부터 성인에 이르기까지 일반 대화에서 적용할 수 있기 때문에 코칭 대화가 익숙해지도록 스팟 코칭부터 시도하는 것도 좋다.

스팟spot이란 '즉석에서', '현장에서'의 의미로 짧게 그때그때 이루어진다. 프로세스 코칭과 스팟 코칭은 코칭 목적이 자녀의 변화와 성장을 돕는다는 공통점이 있지만 방법에서 차이가 있다. 프로세스를 활용한 코칭은 코칭 기술과 코칭 대화 모델을 활용하여 진행된다면, 스팟 코칭은 코칭 기술을 필요에 따라 적절하게 활용한다. 시간에서도 프로세스 코칭은 자녀와 약속하고 자녀 동의하에 최소 30~90분 정도 이루어진다면 스팟 코칭은 수시로 짧게 가능하다.

자녀가 인식하기에도 스팟 코칭은 코칭을 받고 있다고 느끼지 못할 정도로 자연스럽게 이루어져 상호 부담이 좀 덜하다. 반면 프로세스 코칭은 자녀 동의하에 이루어짐으로써 좀 더 적극적으로 참여할 수 있다는 것과 보다 심층적으로 이루어져 더욱 깊은 내면의 잠재력을 끌어올릴 수 있다는 장점이 있다.

사실 이 책을 보는 독자나 처음 코칭을 접하는 사람은 프로세스 코칭을 하기 쉽지 않다. 그리고 이 책을 쓴 의도도 엄마가 프로세스를 활용한 코칭력을 발휘하도록 하자는 데 있지 않다. 일상에서 가볍고 자연스럽게 스팟 코칭으로 자녀와 대화할 수 있는 정도의 유연함이 이 책을 쓴 목적이다.

스팟 코칭 사례 1 : 아이가 학원 가지 않으려 떼쓸 때

코칭맘 스쿨을 수강하신 김영신(가명) 어머니의 코칭 사례다.

> "가끔 아들이 학원 가기 싫다고 떼를 쓸 때가 있어요. 가끔이야 '쟤
> 가 좀 피곤한가 보다' 하고 봐줄 때도 있는데 그게 잦아지니 매번 소
> 리를 지르게 되더라고요. '이 녀석아, 너 그 학원이 얼마짜린데……',
> '누구 잘되라고 보내는 건데', '거기 지금 대기 중인 애들만 몇 명인데
> 관두고 다시 들어가려 해도 어려운 곳이야', '얼른 안 일어나? 혼난
> 다.' 그렇게 한바탕씩 소란을 피워야 문밖으로 내몰 수 있어요. 물론
> 저도 마음은 안 좋죠. 그렇지만 어떡하겠어요? 다 저 잘되라고 하는
> 건데……."

그녀는 늘 이렇게 자녀를 대하고 있었다. 그러던 그녀가 코칭 수업
과정 중에 경험했던 코칭 대화를 통한 성공 사례를 공유하였다. 그날
도 여느 때와 비슷하게 아이가 학원 가기를 꺼려했다. 배워 본 코칭
대화를 시도해 보자 마음먹은 그녀는 제일 먼저 아이의 마음을 말
랑말랑한 마시멜로로 만들어야 한다는 게 떠올랐다. "우리 준수 오
늘도 학원 가기 싫구나(행동). 그래, 학교 다녀와서 놀고 싶을 텐데 빡
빡하게 공부하려니 많이 힘들지(사람)?" 이 정도쯤이면 반응이 올 줄
알았는데 마음을 열지 않는 듯했다. 오히려 아이는 짜증 난다는 표
정으로 말했다. "아이, 그게 아니라…… 휴……." 엄마는 당황했다.

하지만 다시 마음을 다잡고 준수가 마음을 열 수 있도록 친밀감을 형성하고 다정한 표정과 공감적 뉘앙스로 조심스럽게 말을 걸었다. 그리고 자녀의 반응에 I-message 전달법을 사용했다.

"준수야! 네가 종종 학원 가기 싫다고 할 때마다(사실), 엄마가 많이 걱정이 됐어(감정). '혹시나 학원 진도 따라가기가 힘든가? 애들이 괴롭히나?' 하고 말이야. 그러니 엄마한테 솔직하게 말해 주면 어떠니?(바람직한 결과)"

그때부터 아이가 조금씩 입을 떼기 시작하더니 "사실은 말이야, 내가 학원에 좋아하는 애가 있는데 걔는 다른 애를 좋아한다 말이야. 만날 같이 앉아 있는 것만 보면 화가 나서 둘 다 꼴도 보기 싫어" 하며 얼굴이 발그레졌던 것이다. 그제야 준수 엄마는 지금까지 툭하면 짜증 내고 화내고 시험 기간에 공부도 설렁설렁하는 듯했던 아들 행동이 이해가 되었다. 이를 통해 자연스럽게 대화의 목표가 정해졌다. 큰 목표는 준수가 예전처럼 학원에 스스로 가는 것이었다. 반면 준수의 목표는 그 여자아이의 관심을 받고 싶은 것이었다. 엄마는 계속 대화를 이어 나갔다.

> 엄마: 그래, 우리 준수 다 컸네. 그리고 준수가 좋아하는 친구가 있다니 엄마도 궁금하네. (충분한 공감대 형성)
>
> 준수: 걔? 진짜 예쁘고 특히……

준수는 그 여자아이의 자랑을 하염없이 늘어놓았다. 엄마는 준수의 말을 열정적이며 적극적으로 경청했다.

> 엄마: 준수가 그런 멋진 여자애를 좋아한다니 엄마도 보고 싶네. 그런데 걔가 좋아한다는 우리 준수 라이벌은 어떤 아이야?

준수는 뭔가 준비한 답변을 하듯 라이벌에 대해 심한 질투심을 드러냈다. 엄마는 의기소침해진 준수에게 자신감을 주고 싶었다.

> 엄마: 준수야! 그래 그 친구도 준수만큼 멋진 매력을 가졌구나. 그럼 우리 준수가 가진 매력(장점)은 뭘까? (가능성 확대 질문)
> 준수: 나? 나는 ○○보다 친구도 많고, 특히 남자애들은 날 더 좋아해. 그리고 학원에서 선생님도 걔보다 날 더 칭찬해. 걔는 공부만 잘하지 선생님들이 날 더 좋아할걸?
> 엄마: 그래? 그랬구나. 엄마는 그것도 몰랐네. 선생님은 준수의 어떤 모습을 칭찬하셔?
> 준수: 나? 숙제 잘해 오고 학원 시간 잘 지키고 선생님 질문에 대답은 나만 하는 거 같아. 그런 것 때문에 좋아하는 거 아닐까?
> 엄마: 그렇구나, 우리 아들. 그럼 서영이한테 관심받으려면 우리 준수가 당장 할 수 있는 게 뭘까?
> 준수: 글쎄……

엄마: 멀리서 어려운 것부터 찾지 말고 쉬운 것부터 찾아봐.

준수: 걔보다 성실한 모습?

엄마: 또?

준수: 음, 학원에서 다른 친구들이랑 잘 지내는 모습을 보면 좀 질투 하려나?

엄마: 그럴 수도 있겠다. 여자들이 질투가 엄청 심하거든. 그리고 인기 많은 남자를 여자들은 좋아하게 되어 있어. 한 가지만 더 찾는다면?

준수: 학원에서만큼은 OO보다 더 인정받는 거?

엄마: 그래, 그런 방법이 있었구나. 우리 아들 정말 멋지다. 엄마가 도 와줄 일 없을까?

준수: 엄마? 음……. 지금처럼 내 얘기 좀 들어주면 좋겠어.

엄마: 그래, 꼭 그렇게. 지금 기분이 어때?

준수: 가슴이 뻥 뚫렸어.

스팟 코칭 사례 2 : 아이의 속마음이 궁금할 때

본문에서 언급되었던 사례를 코칭 대화로 정리했다.

어느 날 초등학교 2학년 민정이가 집에 와서는 어리광 부리는 말투로 말한다. "엄마, 선생님이 만날 나한테만 심부름 시킨다? 그래서 교무실 왔다 갔다 하느라 바빠." 이에 엄마는 준비했다는 듯이 물었다. "그래? 선생님이 왜 그러실까? 너 뭐 잘못한 거라도 있어? 우리 딸 힘들게 왜 민정이한테만 시키지?" 그런데 아이는 도대체 이상한 반응이다. "어휴, 아…… 몰라." 그리고 방으로 들어가 버린다. 민정이는 엄마의 반응이 마음에 들지 않은 모양이다. 아이의 숨은 의도를 파악하지 못한 엄마는 민정이의 태도에 당황스럽다. 심지어 버릇없이 들어가 버리는 아이를 나무라게 된다. 이 상황 역시 민정이와 스팟 코칭으로 자녀와 춤추듯 대화를 이어 나갈 수 있다.

> 민정: "엄마, 선생님이 만날 나한테만 심부름 시킨다? 그래서 교무실 왔다 갔다 하느라 바빠."
>
> 엄마: 그래? 선생님이 우리 민정이한테 심부름을 자주 시키시는구나?
>
> 민정: 응, 오늘도 아침에 한 번, 수업 마치기 전에 또 한 번 해서 두 번이나 했어.
>
> 엄마: 와! 우리 민정이 학교에서 바쁘겠다. 그래, 오늘은 어떤 심부름을 했어?
>
> 민정: 아침에는 선생님이 다른 반 교실에 출석부 가져다주라고 했고, 마치기 전에는 교무실 선생님 책상에 책하고 노트 가지고 오라고 했어.
>
> 엄마: 그랬어? 와, 굉장히 중요한 일을 했구나. 그렇게 중요한 일을 왜 민정이에게 시키실까?
>
> 민정: 음, 내가 똑똑하니까?
>
> 엄마: 하하하. 그렇지, 우리 민정이가 집에서도 엄마 심부름 잘할 때 보면 똑소리 나지…….

민정: 히히히.

엄마: 그래 민정이는 선생님이 심부름 시킬 때 기분이 어때?

민정: 음, 사실 그렇게 나쁘지 않아. 애들도 좀 부러워해. 근데 나도 집에 빨리 가고 싶은데 선생님이 심부름 시킬 때는 좀 싫어. 오늘처럼…….

엄마: 아, 민정이도 심부름이 즐겁지만 오늘 같은 날은 좀 싫구나. 그럼에도 심부름 잘하는 민정이를 선생님은 어떻게 생각하실까?

민정: 당연히 좋아하시지.

엄마: 또?

민정: 또…… 가끔씩 교무실 가면 선생님이 맛있는 것도 주시고 그러셔. 날 예뻐하시는 거 같아. 그리고 알림장에도 다른 아이들보다 글도 많이 써 주셔.

엄마: 아, 그래? 엄마는 다른 아이들도 다 그렇게 써 주시는지 알았는데……. 그럼 앞으로 민정이는 선생님이 심부름 시키면 어떤 마음으로 해야 할까?

민정: 즐겁게 할게. 투정 안 부리고…… 사실 그렇게 힘들지 않아.

엄마: 지금 기분이 어때?

민정: 엄마랑 얘기해서 좋아.

엄마: 또 엄마랑 얘기 나누고 싶은 것 있으면 언제든 알려줘.

스팟 코칭 사례 3 : 걱정하는 아이를 상담할 때

기수가 헐레벌떡 뛰어 들어온다. 뭔가 다급한 표정이다. 가방을 내려놓고 엄마에게로 달려가 자신의 걱정을 토로한다.

"엄마, 나 이번에 영어 말하기 대회 우리 반 대표로 나가게 됐는데 다른 반에 워낙 잘하는 애들이 나온다고 해서 큰일이야. 걔네들은 다 영어 유치원 출신이고 외국 살다 온 애들도 있어. 망신만 당하는 거 아냐! 어휴, 상 타고 싶은데."

이런 경우를 스팟 코칭으로 풀어 보았다.

> 엄마: 그래? 어머, 축하한다. 기수야. 너 영어 그렇게 좋아하더니 드디어 영어 말하기 대회까지 나가게 되었구나?
>
> 기수: 네. 근데 엄마, 나오는 애들이 쟁쟁한 애들이라니까?
>
> 엄마: 그래? 그런 아이들 사이에 기수가 선발되어 출전한 것도 참 대단하다.
>
> 기수: 그렇긴 하지만 나도 상 타고 싶은데…… 애들이 워낙 잘할까 봐 걱정이라고.
>
> 엄마: 그렇지? 아무래도 외국 살다 온 애들은 발음도 좋을 거고 어휘도 뛰어나긴 할 거야.
>
> 기수: 응.
>
> 엄마: 그런데도 선생님이 우리 기수를 추천한 이유가 뭘까?
>
> 기수: 나? 음, 히히…… 내가 발표를 잘하잖아.

엄마: 그렇지? 또?

기수: 또…… 내가 걔들보다 목소리도 크고 자신감 있어.

엄마: 역시…… 또 한 가지만 더 생각한다면?

기수: 음, 암기력? 그거 다 외워서 해야 하거든.

엄마: 그렇지! 그렇구나…… 우리 기수가 뛰어난 장점들을 많이 가지
고 있네. 엄마도 우리말로 어디 가서 말하라 그러면 자신감도 없고
부끄러워서 제대로 말하기 어려운데, 그래서 외워 가더라도 떨려서
제대로 기억도 안 나.

기수: 맞아. 그거야.

엄마: 그래, 우리 기수 뭔가 떠오른 것 같은데 말해 줄래?

기수: 엄마, 내가 발표할 내용을 한글로 쓸 테니까 영어로 만드는 것
좀 도와줘. 최대한 빨리 준비해서 연습하는 방법밖에 없어.

엄마: 그래, 그게 좋겠다. 엄마가 또 도와줄 건 없니?

기수: 음, 학원 선생님한테 이번에 나 영어 말하기 대회 나가는 것 좀
도와달라고 엄마가 전화해 줘.

엄마: 오케이, 그렇게 할게. 기수 지금 기분이 어때?

기수: 희망이 보여. 잘될 것 같아서 기분이 좋아.

4단계

완성 단계 : 지혜롭게 묻는 코칭맘 되기
이제 잔소리 대신
아이에게 질문을 던져라

질문하는 엄마,
코칭맘이 왜 대세인가?

"장난감 빨리 치워."

"얼른얼른 준비 안 해?"

"시키는 대로 안 하면 용돈 없다."

"책 좀 봐라. 책 좀."

"학교 갔다 오면 숙제부터 하고 놀라고 했지."

"항상 왜 이렇게 덜렁거리니?"

"엄마 질문에 왜 대답이 없어? 대답이?"

"너희 반 평균이 몇 점이야?"

만약 앞서의 말을 다음처럼 남편으로부터 매일매일 듣는다고 상상해 보자.

"당신은 집 안 꼴이 이게 뭐냐? 청소 좀 해라."

"얼른 준비 안 하고 뭐해?"

"이렇게 낭비하면 다음 달부터 생활비 줄인다?"

"당신도 신문 좀 봐라. 맨날 드라마나 보지 말고."

"외출하고 오면 남편 밥부터 차려야 하는 거 아냐?"

"당신은 매사에 왜 이렇게 허둥지둥이야?"

"당신은 왜 내 말에 반응이 그래?"

"당신 친구들도 다 그러냐?"

    잠시 상상만 해도 숨이 턱 하니 막히는 느낌이다. 우리 자녀들도 마찬가지다. 부모 교육을 들어가기 전에 엄마들에게 꼭 하는 질문이 있다. '본 과정에서 얻고 싶은 것이 무엇인가'에 대해 각자 생각을 공유하는 것이다. 만약 강연이 아닌 개별 코칭이라면 고객으로부터 해결됐으면 하거나 달성하고 싶은 이슈(주제)를 묻는 중요한 부분이다. 이 과정에서 공통적으로 많이 나오는 내용은 이렇다.

    ◇ 자녀와의 관계가 행복해졌으면 좋겠어요.

    ◇ 건강하고 좋은 엄마가 되고 싶어요.

    ◇ 친절하고 좋은 엄마가 되고 싶어요.

    ◇ 자녀와의 의사소통을 잘하고 싶어요.

    ◇ 아이들의 자존감이 향상되길 바라요.

◇ 올바른 진로 지도를 해 주고 싶어요.

◇ 아이의 마음을 공감할 수 있는 엄마가 되고 싶어요.

강의 도중 만나는 엄마들의 입에서 나오는 기대는 대부분 비슷하다. 그들이 희망하는 모습은 다정다감하고 자녀와 허물없이 대화하고 친근해지는 것이다. 어떤 갈등도 존재하지 않고 설사 갈등이 생겨도 지혜롭게 갈등을 해결하는 인자하고 따뜻한 모성을 가진 엄마. 누구나 그 모습을 바란다. 그렇지만 누구나 그 모습대로 사는 게 쉽지 않다.

엄마도 엄마가 처음이다. 개개인에 따라 엄마의 모습도 격차가 크다. 어떤 엄마인들 연습하고 엄마가 되었겠는가? 그래서 우리는 끊임없이 읽고, 듣고, 배워 가며 지혜로운 엄마가 되길 노력한다. 하지만 아는 것과 행동이 일치되지 않아서 엄마들은 늘 속상하다.

엄마들은 지금 모습에서 더 나은 변화를 희망하고 나의 변화를 통해 우리 자녀가 바르게 커 나가길 바란다. 그러기 위해서는 끊임없이 자기 자신과 약속하고 다짐하며 연습과 훈련을 반복해야 한다. 물론 그게 어찌 하루아침에 바뀌겠는가? 또 변화에는 시간과 노력이 필요하다. 원하는 모습을 위해서는 인내를 가지고 무식하게 반복하는 방법밖에 없다.

일설에 의하면 솔개는 약 70세의 수명을 누릴 수 있다고 한다. 이렇게 장수하려면 40세가 되었을 때 매우 고통스럽고 중요한 결심을 해야만 한다. 그즈음 되면 발톱이 노화하여 사냥감을 잡아챌 수가 없게 되고, 부리도 길게 자라 구부러져 가슴에 닿을 정도가 되며 깃털이 짙고 두껍게 자라 날개가 매우 무거워 하늘을 날기도 힘들어진다. 이즈음 솔개는 두 가지 선택을 할 수밖에 없다. 그대로 죽을 날을 기다리던가 아니면 약 반년에 걸친 매우 고통스런 갱생 과정을 수행하는 것이다.

갱생의 길을 선택한 솔개는 먼저 산 정상 부근으로 높이 올라 그곳에 둥지를 짓고 머물며 고통스런 수행을 시작한다. 먼저 부리로 바위를 쪼아 부리가 깨지고 빠지게 만든다. 그러면 새로운 부리가 돋아나게 된다. 그 새로운 부리로 발톱을 하나하나 뽑아낸다. 새로운 발톱이 돋아나면 이번에는 날개의 깃털을 하나하나 뽑아낸다. 이리하여 약 반년이 지나 새 깃털이 돋아난 솔개는 완전히 새로운 모습으로 변신하게 된다. 그리고 다시 힘차게 하늘로 날아올라 30년의 수명을 더 누리는 것이다.

솔개의 이 이야기는 과학적 사실이라기보다 교훈을 주는 일화에 가깝지만 새로운 삶을 선택하면서 고통스러운 과정을 겸허히 인내하며 변화를 실천하는 솔개의 삶이 의미하는 바는 크다. 갱생을 선택한 솔개와 같이 엄마도 그래야 한다. 엄마는 변하지 않으면서 우리 자녀만 바르게 성장하기를 바란다는 것은 옳지 않다. 자녀와 합의하지 않고 그저 엄마가 만든 기준에 자녀가 따르지 않는다고 분노하지 않길 바란다. 그렇다고 논리적·이성적 훈육과 지도만으로도 한계가 있다.

삶에 변화가 없다면 죽어 있는 삶과 마찬가지다. 엄마의 작은 변화가 처음에는 힘겹고 어색하다. 그러나 내 자녀를 사랑하고 또 사랑하는 마음이 있다면 엄마의 변화에 도전해 보길 바란다.

이 책은 '코칭'이라는 것을 통해 엄마들의 변화를 시도하고자 했다. 지금까지 '코칭' 하면 느껴지는 정보나 상식을 뒤로 밀어 놓고 코칭을 제대로 해석하여 삶에 윤택하게 적용하길 바란다. 여느 도서와 같이 자녀의 심리나 양육 방법에 초점을 두지 않고 온전히 엄마의 심리, 엄마의 변화, 엄마의 코칭력 훈련에 초점을 맞추었다. 이 책을 다 읽었다고 곧장 자녀에게 다가가 적용하고 반응을 관찰하는 일을 반복하기보다는 서서히 마음과 머리에 스며들게 해서 살짝 묵힌 후 진심으로 자녀에게 다가가 보길 바란다.

티칭맘과는 다른 코칭맘의 미션

90년대 이후 여성의 경제 활동이 적극적으로 활성화되면서 대학 입학률이 눈에 띄게 증가했다. 또한 여성 인권이 중요시되면서 여성의 지위도 과거에 비해서는 월등히 높아졌다. 주변만 살펴봐도 뛰어난 커리어 우먼들의 힘이 웬만한 남자들 이상이다. 그들이 주목받던 무대를 떠나 한 사람의 여자로서 살아가야 하는 시점이 있다. 바로 출산이다. 결혼까지는 버틸 만하다. 하지만 출산과 함께 육아와 직장을 선택해야 하는 갈림길에 서야 하는 때가 온다. 말도 안 되지만 이 나라는 일과 육아 가운데 하나를 선택할 수밖에 없는 제도에 놓여 있다.

과거 같으면 여자가 살림하고 가정을 돌보는 것이 당연시되는 사회 풍토였기에 커리어 우먼들도 어쩔 수 없이 현실을 받아들이며 남들처럼 살아왔다. 하지만 예전처럼 그러기에는 우리 여성들의 입지가 월등하게 성장했다. 똑똑한 그녀들이 자신의 삶과 인생이었던 일(직업)을 내려놓고 타임머신을 타고 과거로 돌아가듯 익숙하지 않은 육아, 가사를 시작하면 독특한 특징들을 보이게 된다. 이들은 배울 만큼 배웠고, 왕성한 경제 활동과 뒤지지 않는 능력으로, 사회적으로 인정받아 왔다. 그런데 일순간 결혼과 함께 한 아이의 엄마가 됨으로써 그 모든 열정과 관심, 승부욕, 성공 에너지를 아이에게 쏟게 된다. 문제는 그들에게 익숙했던 직장 생활에서의 방식을 자녀에게 적용한다는 것이다. 마치 엄마가 팀장이고 자녀가 팀원이 된 것처럼 말이다. 명확한 목표와 잘 짜인 계획 아래 최고의 성과를 내기 위해 경쟁하고 발 빠르게 정보를 입수해 더 앞서 달릴 수 있도록 항상 촉을 곤두세운다. 그렇게 아이와 엄마는 매일매일 바쁘게 움직인다. 그것이 자녀를 위한 최대한의 노력이고 자신을 위한 보상이라고 생각한다. 어쩌면 '내 모든 걸 내려놓고 너를 키우는데 이 정도 성과쯤은 네가 내줘야 내가 덜 억울하지 않겠니?'와 같은 마음이 한 켠에 자리하고 있을지 모른다.

아이들이 등교, 등원하고 나면 그때부터 엄마들은 바쁘다. 각자 새로운 소식을 가지고 근처 커피숍에서 적당히 오전 시간을 보낸다. 뭐 대단한 정보가 오고 가는 게 아니더라도 그 자리에 빠지기엔 불안하다. 다른 사람들은 알고 나만 모르는 정보가 그 사이에 오고 갈까 봐 적당한 사회적 관계를 유지하며 커피를 마신다. 그날 엄마들끼리의 이야기는 고스란히 아이들에게 전달된다.

"얼마 후에 OO시험 본다며?"

"수학 학원 선생님 바뀐 걸 왜 말 안 했어?"

마치 족집게 도사가 된 듯 아이의 하교와 함께 콕콕 던지는 말들은 아이를 할 말 없게 만든다. 자녀들의 스케줄을 꿰뚫고 있는 엄마는 그때부터 목표 설정에 들어간다. 그리고 계획을 세운다. 회사로 치면 전략 회의 같은 것이다. 액션 플랜을 세우고 아이를 영업 전선에 내몰 듯 실행을 시킨다. 엄마의 기준에 맞지 않는 날에는 조금 더 강한 방법을 개발하기도 한다. 마치 실적이 미비한 영업부장이 부하 직원을 쪼는 것과 비슷하다. 그렇게 해서 아이의 성과가 나오면 엄마는 뿌듯하다. 내 프로젝트가 완벽하게 미션을 완성한 듯한 마음에 보람을 느낀다. 이것이 우리 티칭맘들의 모습이다.

이 모습을 비판하고 비난하고자 하는 것은 아니다. 다만 새기고 넘어가야 할 부분이 있다는 점을 말하고 싶다.

◇ 이 목표는 진짜 누구를 위한 목표인지?

◇ 누가 주도적으로 움직였는지?

◇ 미션 수행을 했을 때 만족도나 성취감은 누가 더 높은지?

◇ 이 목표를 실행해 나가는 과정에서 아이의 진짜 마음은 어떨지?

◇ 만약 엄마가 한 달간 없다면 우리 아이는 어떤 모습일지?

코칭맘도 티칭맘과 처한 환경은 똑같다. 자녀에 대한 열성과 사랑이 뜨거운 것도 마찬가지다. 다만 앞의 질문을 똑같이 했을 때에 답변은 확연히 다르다. 티칭맘은 아이를 위한 목표라고 설정했지만 내면에는 엄마를 위한 목표가 자리한다. 그리고 엄마가 주도적으로 계획하고 움직인다. 그러다 보니 미션 완성 시에도 만족감은 자녀보다 엄마가 더 높다. 반면 아이의 만족감이나 성취감은 떨어진다. 그리고 결정적인 것은 이런 습관은 엄마가 없으면 아무것도 하지 못하는 아이로 커 나가게 된다는 점이다.

티칭맘과 달리 코칭맘은 자녀의 진짜 꿈과 목표를 우선시하고 자녀 주도적으로 움직이고 미션 완수 시 자녀의 만족감과 성취감이 크다. 또 아이 스스로 동기 부여가 되어 또 다른 목표를 달성하고자 노력한다. 그리고 만약 엄마가 함께 있지 않는 기간에도 그들은 자신의 삶에서 주도적으로 목표를 정하고 방향을 설정하여 지혜롭게 행동하고 결정할 수 있다.

엄마가 설계하고 엄마가 만드는 집이 아닌 엄마는 어시스턴트, 동반자가 되어 위험하지 않게 큰 울타리가 되어 주는 것이 필요하다.

또 현재의 위치(지표)와 미래의 방향성(좌표)을 공유하며 아이가 가야 할 방향을 인지시켜 주는 역할만 하면 된다. 예를 들어 학습적 측면에서 엄마의 목표가 명확한 티칭맘이라면 이런 말을 자주하게 된다.

◇ 어제 엄마랑 풀었던 거 기억하지? 다시 한 번 풀어봐
◇ 지난번에도 이걸 틀리더니 이번에 또 같은 걸 틀렸잖아. 대체 왜 이래?
◇ 무슨 일이 있어도 오늘 여기까지 다 외우고 자
◇ 너 얼마나 공부했는지 좀 봐야겠다. 오늘 공부한 내용 엄마한테 설명해 봐

반면 아이의 목표와 동기 부여를 우선시하는 코칭맘이라면 이런 말을 하게 된다.

◇ 어디 이번에는 뭐가 더 개선되었는지 볼까?
◇ 이야, 열 문장 완성 중에 일곱 개나 했네? 시간은 좀 걸렸지만 세 개 더 해 볼까?
◇ 이 어려운 것도 배워? 엄마한테 좀 알려 줄래?
◇ 아, 이번 시험 성적이 좀 떨어져 속상하겠구나. 우리 어떤 걸 더 노력해 볼까?

티칭맘은 명령, 지시, 감시, 확인, 비난 등의 부정적 감정을 공유한다면 코칭맘은 공감, 이해, 인정, 격려 등 긍정적 감정을 공유한다고 볼 수 있다. 티칭이든 코칭이든 모두 자녀의 성장을 위한다는 공통점을 가지고 있다. 하지만 티칭보다 코칭을 우선해야 하는 이유는 자녀와 긍정적 감정 공유를 통해 자녀의 성장을 지원해야 하는 것이 당연한 엄마의 역할이기 때문이다. 이 사회에는 우리 자녀를 가르치는 곳이 너무나 많다. 학교, 학원, 과외, 그 외 주변 사람들을 통해 아이들 마음과 머리는 포화 상태다. 이 지쳐 있는 우리 자녀에게 힐링이 되고 긍정의 에너지로 움직일 수 있는 엄마의 역할은 그 어떤 고급 사교육보다 훨씬 큰 효과를 발휘할 수 있다.

인성은 어느 학원이 잘한대?

2015년 7월부터 인성교육진흥법이 시행되었다. 벌써부터 사교육 시장이 들썩이기 시작한다고 한다. 이번엔 어떻게 인성을 주입할지 궁금하다. 초·중학교 때부터 영어를 배우고 성인이 되어서까지 배워도 외국인을 만나면 쉬운 일상 대화도 나누기 두렵고 입이 떨어지지 않는 사람들이 많다. 사교육을 받지 않고서는 여전히 영어에 자신 없는 우리 아이들. 혹시 인성 교육도 주입만 되고 발휘하지 못하는 죽은 교육이 되지 않을까 염려스럽다.

몇 해 전 한국투명성기구가 전국 중·고생 1,100명을 대상으로 실시한 '반부패 인식 조사'에서 청소년의 17.7퍼센트가 '감옥에서

10년을 살더라도 10억 원을 벌 수 있다면 부패를 저지를 수 있다'고 했다. 100명 중 약 17명이 그럴 수 있다는 결과다. 이대로 아이들이 성장한다면 이 나라 미래는 뻔하다. 또 17.2퍼센트는 '내 가족이 부자가 될 수만 있다면 권력을 남용하거나 법을 위반하는 것'도 괜찮고, 20퍼센트는 '문제를 해결할 수 있다면 기꺼이 뇌물을 쓰겠다'고 답변했다.

우리는 어릴 때 '나쁜 짓 하면 벌 받는다', '남을 배려하면서 바르게 살아라', '청소년들이여 야망을 가져라' 등등의 가르침을 받고 자랐다. 그래서 우리는 안다. 어떻게 살아야 할지. 하지만 많은 이들이 그렇게 살지는 않는다. 왜냐하면 주변에서도 대부분 그렇게 하니까. 또 그렇게 살면 억울한 일을 당하는 사람들을 자주 봐 오니까.

규칙과 법을 잘 지켜야 한다고 배웠지만 급하면 신호를 위반하고, 아이의 손을 잡고 무단횡단을 한다. 자녀 교육에 열을 올리면서 아이가 듣는 곳에서 막말이 오가는 부부 싸움은 일상이다.

아이와 함께 간 나들이에서 쓰레기를 몰래 버리고, 공공장소에서 큰 소리로 대화를 나눈다. 마트에서는 앞사람을 생각하지 않고 카트를 막 밀기도 하고, 번화한 길에서 사람과 부딪혀도 쌩하니 지나간다. 지하철 임산부석에 떡하니 자녀를 앉히기도 한다. 아이가 학교에서 평가라도 잘못 받아 오면 밤낮 없이 담임에게 연락한다. 자신의 애완견이 산책길에 실례라도 하면 주변을 살피고 얼른 자리를 뜬다. 같은 동 엘리베이터에서 이웃을 만나도 인사 한번 나누지 않고, 어른이 아이가 예뻐 머리라도 쓰다듬으면 금세 엄마 얼굴은 울그락불그락해진다.

이 모든 게 아이와 함께 있을 때 서슴없이 행해지는 일상이다. 우리 자녀는 엄마(부모)의 거울이다. 특히 3세에서 7세까지는 아이의 모든 인격이 형성되는 시점으로 '애가 뭘 알겠어'라는 마음으로 행했던 사소한 일들이 아이의 인성을 좌우하게 된다.

인성이 경쟁력인 시대다. 그러나 인성은 절대로 주입할 수 없다. 지혜로운 엄마가 되어 지혜롭게 양육하는 것만이 바른 인성으로 자라는 지름길이다. 엄마도 배우지 못한 지혜를 어떻게 자녀에게 가르칠 것인가?

◇ 친구가 물에 빠져 허우적대고 있다면 어떻게 해야 할까?
◇ 짝꿍이 문방구에서 돈을 지불하지 않고 슬쩍 주머니에 물건을 넣는 걸 봤다면 어떻게 해야 할까?
◇ 친구의 잘못을 덮어 주고 싶어 거짓말을 하는 것에 대해 어떻게 생각해야 할까?
◇ 약한 친구가 힘센 친구들에게 놀림받고 있는 상황이라면 어떻게 해야 할까?

앞의 질문에 정답이 있을까? 또 현실에 닥쳤을 때 우리가 통상적으로 생각하는 모범 답안을 행동으로 옮기게 될까? 모범 답안이 아니어도 더욱 지혜로운 방법들, 창의적인 아이디어들이 있을 수 있다. 그 지혜와 창조적 생각은 엄마의 지혜로운 질문과 자녀의 지혜로운 사고로 가능하다.

그것이 바로 코칭이다. 엄마도 답이 없는 다양한 현실 상황에 엄마보다 더 지혜로운 아이로 성장하길 바란다면 함께 묻고 생각하고 토론하며 끊임없이 대화를 나누어야 한다. 또 엄마는 끊임없는 셀프 코칭(자기에게 묻고 자기가 해답을 찾는 과정)을 통해 자신 내면에 묻고 생각하고 답하기를 반복하면서 지혜를 갖춘 엄마로 나아가야 한다.

전 세계 어디를 가도 아이의 인성은 가정에서부터 시작된다. '코칭'은 인성과 맞닿아 있다. 학교 선생님은 티칭을 통해 학습에 매진한다면 엄마는 코칭을 통해 동반자가 되어 주어야 한다. 왜냐하면 '코칭'은 자녀를 움직이는 강력한 힘을 갖고 있기 때문이다.

인성! 코칭이 답이다

코칭은 변화와 성장을 위한 지원 과정이라 할 수 있다. 변화와 성장은 자녀의 삶에 가치와 의미를 부여해 주는 과정이다. 자아실현, 능력 개발 및 관계 증진 등은 인생을 살아가는 데에 꼭 필요하다. 또 학교에 들어가면 다양한 문제 상황에 노출된다. 그때 현명한 방법을 찾도록 지원하고 긍정적 변화를 이룰 수 있도록 부모가 동반자로서 도와줄 수 있어야 한다.

부모의 역할이 과거에는 먹이고, 입히고, 공부시키는 것에 집중되었다. 그렇다고 요즘 부모 역할이 확연히 달라진 것은 아니다. 과거에 비해 더 좋은 것을 먹이고 싶고, 더 좋은 옷을 입히고 싶고, 더 좋은 공부를 시키고자 하는 것에 집중하고 있을 뿐이다.

엄마들이 기본적인 이런 부모 역할을 알고 싶어 이 책을 고르지는 않았으리라 생각한다. 앞서 교육에 참여한 엄마들과 같이 자녀와 행복하게 지내길 바라는 엄마, 건강한 엄마, 좋은 엄마, 친절한 엄마, 자녀와 소통과 공감이 잘되는 엄마, 아이의 자존감을 향상시켜 주는 엄마, 올바른 진로 지도를 희망하는 엄마와 같이 엄마로서 의무적인 역할을 뛰어넘어 질적인 관계 향상과 그것을 통해 자녀의 바른 성장까지도 기대하고 있을 것이다. 이런 측면에서 코칭은 인성과 맞닿아 있다.

코칭 철학에서 자녀는 무한한 가능성을 가지고 있고 해답도 자녀 스스로에게 있다. 코치(엄마)는 함께 해답을 찾는 동반자일 뿐이다. 자로 잰 듯 O, X로 답할 수 없고, 복잡하고 다양한 삶에서 올바른 인성이 발휘되기 위해 5지선다형으로 풀 수도 없다. 매 순간 엄마와 자녀 사이에 이뤄진 코칭 대화만이 현명한 답을 할 수 있는 지혜로운 아이로 자라게 해 줄 것이다.

지혜롭게 묻는 엄마

코칭 대화가 가능해지기 위해서는 질문에 익숙해져야 한다. 세계적인 인재를 키워 내는 유대인들은 질문에 질문을 거듭하는 대화가 가정에서 자유롭게 이루어진다. 질문이 코칭의 전부는 아니지만 큰 힘을 가지고 있는 것은 사실이다.

질문하라고 하면 엄마들은 한숨부터 쉰다. "아니, 질문을 해 봤자, 애들이 도통 답도 없고 반응도 시큰둥해요. 그래서 계속 캐묻기라도 하면 취조하는 사람 같기도 하고…… 애들이 생각을 안 하려는 것 같아요"라고 한다. 그도 그럴 것이 단편적 예이지만 아이들은 말을 시작하는 3세부터 참 곤란한 질문부터 받기 시작한다. "엄마가 좋아? 아빠가 좋아?"라고. 그 순수한 아이에게 내 편, 네 편을 가르듯이 무심코 던진 질문은 아이를 혼란스럽게 한다. 아이들은 두 사람 가운데 누가 더 좋은지를 골라내기 힘들어 "몰라" 하고 고개를 젓거나 대답을 피해 버린다. 우리 질문이 잘못되었다. 어른들도 답하기 어려운 질문을 던지니 대답하기 어렵고 싫은 것이다.

지혜로운 엄마가 되고 싶다면 'HOW'를 강조해 보는 연습을 해 보자. "엄마가 어떻게 해 줄 때 좋았어?", "아빠가 어떻게 할 때 멋있어?"라고. 즉각적인 반응이 없거나 대답하는 데 시간이 걸릴지도 모르지만 그 순간 아이는 엄마의 좋은 모습, 아빠의 멋진 모습을 머릿속으로 상상하고 있다.

너 잘되라는 잔소리의 문제점

요즘 기업에서는 자립형 인재를 선호한다. 스스로 생각하고, 행동하는 자립형 인재는 일처리를 위해 끊임없이 사고하고 센스 있는 아이디어를 통해 가장 적합하고 효과적인 방식으로 일을 해 나간다. 이런 인재가 대세인 시대에서 지시·명령형으로 훈련되어 온 의존형 인재로 머무른다면 시대에 뒤처질 수밖에 없다. 이들은 타인의 지시가 없으면 움직이지 않는다. 겉으로 봐서는 큰 문제없이 평균 이상을 유지하면서 문제나 갈등을 만들지 않으며 조직에 순응하는 듯하다. 아주 못하지도, 그렇다고 아주 잘하지도 않게 적당히 그 자리를 지킨다. 우리는 그런 아이들을 양산해 왔다. 만약 당신이 한 회사 사장이라면 일만 잘하는 사람과 일도 잘하는 사람 가운데 누구를 선택하겠는가? 당연히 일'도' 잘하는 사람이다. 그 '도'에 들어가는 것이 업무적인 전문 지식을 제외한 모든 면이다.

대학을 갓 졸업한 인턴을 2명 채용한 적이 있다. 2명 다 나와 같은 코치나 강사가 되고 싶어 지원했다. 규모가 작은 우리 회사는 개개인이 멀티 플레이어가 되어야 한다. 경우에 따라서는 청소도 하고, 컵도 씻고, 복사도 하고…… 그러면서 프로그램 기획도 배우고, 교육 운영 노하우도 쌓으면서 한 단계씩 나아간다. 물론 나도 그랬다. 똑같이 들어온 2명의 인턴은 각각 색깔이 달랐다. 사람을 쉽게 판단하면 안 되지만 오랜 기간 수많은 사람 앞에 서는 직업을 갖다 보니 나도 어쩔 수 없었다.

한 명은 내가 찾던 인재상이고, 다른 한 명은 그렇지 않았다. 10년을 일해도 아마추어 마인드가 있고 한 달을 일해도 프로 마인드를 가진 사람이 있다. 프로 마인드를 가진 직원은 컵을 씻을 때도 이미 그것을 사용할 사람의 입장까지 고려한다. 보통 오른손잡이인 사람이 엎어 놓은 컵을 잡기 편하게 컵 손잡이를 왼쪽으로 다 돌려놓는다. 복사를 부탁하면 깔끔하게 정리하여 책상에 올려져 있다. 항상 웃는 얼굴로 사람들을 맞이하고 일처리가 어려운 상황에서는 선배들에게 상냥하고 공손하게 자문을 구하는 유연함을 보인다. 업무상 질책에도 겸허히 받아들이고 개선의 노력을 보인다. 심지어 따끔한 질책에도 진심으로 감사를 표한다. 그녀는 배려, 자신감, 예의, 책임감, 정직, 성실 등과 같은 성품을 갖췄다.

반대로 아마추어 마인드를 가진 직원은 늘 어둡다. 시키기 전에는 먼저 나서서 행동하지 않는다. 컵을 씻어도 '후다닥' 처리는 하지만 입술 자국, 커피 자국은 그대로다. 복사는 '버튼 하나만 누르면 되지'라고 생각한 듯 가지고 온 복사 자료는 쪽수가 틀리고, 백지가 껴 있는 건 다반사다. 실수를 늘 변명한다. 선배가 야단이라도 치면 하루종일 입이 튀어 나와 있다. 일을 못하는 건 가르치면 되지만 성품과 인성은 일일이 가르치기 어렵다. 결국 어느 날 그녀는 내게 다가와서 이렇게 말했다. "전 이런 일 하러 들어온 게 아닌데요?"

이런 사례는 심심치 않게 볼 수 있다. 한창 대학생 취업 활성화를 위해 커리어 코칭을 할 때 일이다. 구인을 희망하는 회사와 그들을 매칭하여 취업시키는 일을 잠시 맡았던 적이 있었다. 3개월 정도 지난 후 안부 차 취업시킨 학생들에게 연락했다. 그런데 놀랍게도 학생들 중에 입사한 지 얼마 되지도 않은, 심지어 어렵게 들어간 회사를 그만두고 다시 백수 생활을 하고 있는 경우도 있었다. 왜 그만뒀는지 물어보니 "아니, 저한테 가자마자 박스를 나르라는 거 아니겠어요?", "손님 오시면 저보고 커피 내오라고 하는 게 싫어요", "선배들이 자꾸 심부름 시키는데 왜 이걸 해야 하나 모르겠어요", "회사 선배가 마음에 안 들어요" 등 이유도 다양했다. 과거 같으면 이해하기 어려운 상황이지만 지금 우리 청년들이 이럴 수밖에 없는 건 우리 부모가 그들을 너무 곱디곱게 키운 탓이다. 인성보다는 지식만 주입하는 시대에 그들은 다들 똑똑하고 잘난 아들·딸들이다. 모두 최고로 커 온 아들·딸들이기에 최고 기업이 아니면 눈에 안 찬다. 만약 S 그룹에서 선배가 심부름을 시켰다면 칼같이 행하고, L 그룹에서 박스를 날랐으면 아마 자랑스러워했을지도 모른다. 이런 태도로 인해 여전히 중소기업에서는 사람 구하기가 어렵고 청년들은 일자리가 없다는 아이러니한 상황이 벌어지고 있는 건 아닌지 염려스럽다.

영어 유치원의 부담임으로 있는 친구 얘기다. 그녀는 4살 된 딸을 키우는 엄마인데 미혼 시절 근무했던 경력으로 좋은 기회에 취업하게 되었다. 하루는 그녀가 고민을 말했다. 교무 부장과 의견이 잘 맞지 않아 힘들다는 것이다. 그녀는 아이를 키워 본 엄마 입장에서 아이들의 만족과 행복, 안전 등을 최우선 가치로 여긴다. 그런데 운영상 책임자인 교무 부장은 아이들보다는 엄마들을 고객으로 생각하고 엄마들이 만족할 수 있는 것들을 행한다는 것이다. 어느 날 참고 참

다가 아이들 입장을 항변했다고 한다. "아이들이 행복하고 만족해야 하는 것 아닌가요?" 이에 교무 부장은 이렇게 답했다. "여기 돈 내는 엄마들은 같은 시간에 자기 자식 머리에 얼마만큼 지식을 넣어 주느냐에 따라 마음이 바뀝니다. 알겠어요?"

운영 이익을 우선시하는 교무 부장과 아이들을 먼저 생각하는 친구의 마음 둘 다 이해가 된다. 운영을 하려니 엄마들의 마음을 잡아야 하고 아이를 직접적으로 돌보는 담임은 아이들을 헤아리려 하고. 이 이야기를 듣고 그 교무 부장이 했던 말이 내 귀에 맴돌았다. 매우 현실적인 말이지만 가슴 아픈 얘기다. 그래서 최우선으로 엄마들이 먼저 변해야 한다.

아직도 우선 과제가 지식일까? 아니면 바른 인성을 갖춘 지혜로움일까? 지식 공유 사회에서 이제 지식인은 차고 넘친다. 앞으로 우리가 좀 더 예민하게 바라봐야 하는 건 지식을 넘어선 지혜 또는 인성이 대세인 시대가 눈앞에 와 있다는 것이다.

코칭의 궁극적인 목적은 '바른 인성을 갖춘 자립형 인재 양성'이라고 말할 수 있다. 우리 자녀들에게는 무한한 가능성이 분명히 있다. 다만 그 잠재된 가능성을 밖으로 이끌어 내느냐, 사장시키느냐의 차이만 있을 뿐이다. 그 가능성을 밖으로 끌어내는 것이 코칭이고 부모의 역할이다. 코칭맘은 자녀의 성장에 관심을 갖고 이를 실현시킨다. 또 비전과 동기를 자원으로 활용하여 자녀의 가능성을 찾을 수 있다. 그리고 자녀의 상황에 호기심을 가지고 질문하고 자녀가 원하는 방향으로 변화를 행하는 안내자다.

　이쯤되면 맨 처음 우리 자녀에게 습관처럼 했던 '너 잘되라고 하는 잔소리'가 어떻게 느껴지는가?

2

유별난 한국 엄마들의
남다른 의식 구조

대물림되는 한국적 모성애

오전 7시 30분, 나연이네

초등학교 2학년 나연이를 깨우는 것은 엄마다. 남편을 출근시키고 돌아서니 벌써 아이 등교 시간이 다가온다. 다급해진 엄마는 자고 있는 아이 발에 양말부터 신긴다. 반 실신 상태의 아이를 안고 나와 식탁에 앉히고, 김에 밥을 싸서 입에다 밀어 넣는다. 딸이다 보니 옷장을 뒤져 어제와 다른 옷을 골라 입혀 주고 머리를 묶어 준다. 느릿느릿 양치하는 모습이 답답한지 칫솔을 빼앗아 직접 이를 닦아 준다. 어젯밤에 챙기지 못한 준비물까지 꼼꼼히 챙겨 가방과 보조 주머니까지 쥐어 주고 아이를 대문 밖으로 떠밀고 나서야 한바탕 폭풍이 지나간 듯

한숨 돌린다.

같은 시간, 유빈이네

알람 소리와 함께 유빈이가 잠에서 깬다. 조금 더 자고 싶지만 지각하지 않으려면 졸린 눈을 비비고 일어나야 한다. 유빈이는 제일 먼저 대문 밖에 배달된 우유와 신문을 챙겨서 우유는 냉장고에 신문을 거실테이블에 얹어 놓는다. 욕실에 들어가 양치질과 세수를 마치고 방으로 들어가 어제 골라 놓은 옷을 챙겨 입고 옷 색깔에 맞춰 양말을 신는다. 머리는 대충 흘러내리지 않을 정도로 묶는다. 가방과 준비물은 미리 챙겨 현관 입구에 놔두고 식탁에 앉아 엄마가 준비해 주신 아침을 먹는다.

두 명의 아이들이 맞이하는 아침 풍경이 상이하다. 나연이 엄마의 마음은 이렇다. 혹시 지각하면 안 되니까, 도와줄 수 있는 부분은 최대한 도와주고 싶다. 보고 있자면 안타깝기도 하고 아직은 엄마 손이 필요한 나이라고 생각한다. 유빈이 엄마는 나연이 엄마와는 달리 아이에게 독립심을 키워 주고 싶다. 독립심은 강인한 사람으로 만들어 줄 수 있다. 그리고 유빈이가 스스로를 신뢰하고 혼자 할 수 있는 것들이 많아질수록 그만큼 성취감도 커질 것이라 여긴다.

아이를 도와주고 싶은 나연이 엄마와 아이의 독립심이 중요하다는 유빈이 엄마 둘 다 자녀를 아끼고 사랑하는 마음은 같다. 다만 방식이 다를 뿐이다.

우리는 어떤 엄마 모습에 더 가까울까? 또 우리는 어떤 엄마 모습을 지향하고 싶은가? 우리 자녀의 건강한 미래를 내다봤을 때 어떻게 훈련시키는 게 좋을까?

우리 엄마들은 희생적이다. 내 입에 들어가기 전에 자식 입에 먼저 넣어 준다. 신혼까지는 '난 아이를 낳아도 당신을 우선시할 거야' 하고 공략을 내세웠건만 정작 엄마가 되니 맛있는 반찬이나 음식은 아이 입에 먼저 넣어 준다. 아이가 친구한테 맞고 오기라도 하면 두 팔 걷어붙이고 친구 집으로 찾아가 시원하게 소리쳐 주는 용기도 보여 준다.

어느 식당에서의 일이다. 젊은 아이엄마와 그녀의 친구같이 보이는 여성이 옆자리에 앉았다. 아이엄마는 주문을 하기도 전에 기다렸다는 듯이 아이를 식탁 위에 뉘이더니 능숙하게 기저귀를 간다. 돌이 안 되어 보이는 아이이기에 이해하려고 했다. 그런데 스멀스멀 냄새가 퍼진다. 아이가 대변을 본 것이다. 식당에 앉아 있던 손님들 시선이 일제히 아이엄마로 향했다. 그녀는 아랑곳하지 않고 꿋꿋하게 아이 기저귀 가는 일에 열중한다. 심지어 아이 변을 보며 칭찬도 아끼지 않는다. 급기야 주인 같아 보이는 한 중년 여성이 다가가 몇 마디 한다. 이내 아이엄마 표정이 붉으락푸르락 바뀌더니 짐을 챙겨 벌떡 일어선다. 그리고 같이 온 친구에게 입을 삐죽거리며 한마디 한다. "쳇! 자기들은 애 안 키워?"

김혜자와 원빈이 주인공인 「마더」라는 영화를 보면 모성애의 극치를 볼 수 있다. 살고 있는 동네에서 한 소녀가 살해당하고, 어처구니없이 자신의 아들이 범인으로 몰리게 된다. 엄마는 아들의 누명을 벗기기 위해 백방으로 뛰어다닌다. 결국 극에 달한 모성애는 이기적인 모습까지 보여 준다.

자식을 위해 모든 것을 합리화시키는 어머니. 대한민국 엄마들의 현주소를 보여 주는 듯하다. 우리네 엄마들의 자식 사랑은 과하다 싶을 정도다. 아이들의 실수를 무조건적으로 용인하고 감싼다. 이런 방식의 애정 표현은 현재도 그렇고 앞으로도 사회적인 문제를 야기할 것이 분명하다. 어린이집에서부터 초·중·고 할 것 없이 엄마들의 치맛바람은 어제오늘 일이 아니다. 음식점이나 대중교통을 이용하면서 소리 지르고 뛰어다니는 아이를 제지하거나 그러지 않도록 잘 타이르는 부모는 찾아보기 힘들다. 오히려 자신의 아이에게 그러지 말라고 타이르는 타인을 향해 쌍심지를 켜고 노려보는 경우가 많다.

엄마들은 임신부터 출산, 육아까지 걱정과 자책으로 힘들어한다. 아이에게 문제가 생기면 자기 탓인 듯 죄책감이 든다. 주변에서나 드라마에서 아이가 다치기라도 하면 퇴근한 남편으로부터 들려오는 말이 있다. "애 안 보고 뭐했어?" 참 익숙한 말이다.

한국은 유교 사상의 영향을 크게 받은 나라다. 여성에 대한 인식과 권리 및 평등성이 다른 나라에 비해 떨어진다. 오랜 세월 동안 여성에게 가해진 사상의 압박이 여성을 움츠러들게 만든다. 그래서인지 임신부터 육아까지도 엄마의 책임이 크다고 생각하고 자책하게 된다. 요즘은 결혼하고 나서도 오랜 기간 동안 뚜렷한 이유 없이 임신이 되지 않는 경우가 많다. 그런데 이 난임 문제도 남성에 비해 상대적으로 여성이 정신적 고통을 더 많이 받는다. 난임은 남녀 모두의 문제이지만 항상 홀로 부담을 짊어지고 있는 여성의 모습도 예나 지금이나 큰 차이가 없다.

모로 가도 서울만 가면 돼?

우리 엄마들은 어떤 결과를 얻기까지 몹시 조급해하는 경향이 있다. 과정보다 결과에 집착한다. '쇠뿔도 단김에 빼라', '모로 가도 서울만 가면 된다' 같은 속담처럼 빨리 할수록 선이고 미덕이라 생각하고 거기에 가치를 두고 있다. 밥은 보통 10여 분 안에 후딱 먹어 치운다. 아이가 밥상에서 30분 이상 앉아 있으면 "얼른 안 먹어? 그냥 치워 버린다" 하고 재촉한다. 식당에서도 그 뜨거운 탕이나 찌개를 후후 불어 가며 순식간에 먹어 버린다. 학교에서는 교육 자체보다 졸업장에 목숨을 건다. 이 종이 한 장이 사회에서 경력이나 경험보다 더 높고 우월한 객관적 잣대인 듯 들이댄다.

물론 이런 결과 중심적 사고는 단시간에 성과나 성적을 높이는 데 효과가 있을지 모르나, 보다 중요한 것들을 놓치게 된다. 주입식 교육의 부정적 측면을 인식하면서도 그 틀에서 벗어나지 못하는 것도 과

정보다는 성과를 중시하기 때문이다. 대입 논술고사를 실시하자마자 논술 학원이 우후죽순으로 생겨나 작년 시험 문제를 분석하고, 예상 문제를 뽑고, 모범 답안 쓰는 법을 훈련하는 것도 같은 이유에서다.

미국·일본에 이어 한국은 교육 투자 비용 면에서 우위를 달리고 있다. 부모의 인생 최대 목표가 자녀 교육인 듯 소득 대비 교육비에 지나치게 많은 돈을 투자한다. 그런 열정은 OECD 국가 대상 PISA(국제학업성취도평가)에서 교육 선진국으로서 상위권을 놓치지 않는 결과로 나타났다. 특히 2012년 PISA 결과는 OECD 국가 가운데 1위였다. 회원국 평균보다 60점이나 높았다. 하지만 수학에 대한 흥미나 즐거움을 측정하는 '내적 동기' 지수는 65개국 중 58위로 하위권이었다. 또 주어진 과제를 성공적으로 수행할 수 있는 자신의 능력에 대한 믿음인 '자아 효능감'은 62위, 자신의 수학적 능력에 대한 믿음인 '자아 개념'은 63위였다. 이것은 우리나라 학생들이 수학 공부에 많은 시간을 투자하며 열심히 하고 있지만 흥미나 목표는 매우 떨어지고 있음을 보여 준다. 이렇게 목표도 흥미도 없으면서 1위를 지키는 것은 입시 위주의 교육과 사교육을 통한 선행학습이 이루어졌기 때문이다. 결국 입시를 위한 교육은 입시가 끝나는 순간 잊힐 수밖에 없다. 문제를 잘 푸는 것이 수학 공부를 잘하는 것이 아닌데도 문제 풀이만이 수학 공부의 모든 것인 듯하다. 이것이 입시만 생각하는 결과 중심 사고의 폐해이다.

남들과 비교하느라 피곤한 엄마들

엄마들은 우리 아이 성적만큼 옆집 똘이 성적까지 궁금하다. 우리는 태어나 지금까지 끊임없이 비교하고 비교당하며 살아왔다. 엄마 배 속에서부터 평균 성장 속도를 유지하는지, 산후조리원에서는 다른 신생아들에 비해 젖은 잘 빠는지, 돌이 되면 평균적인 성장과 신체 발달을 이루고 있는지, 다른 아이들에 비해 언어가 늦은 건 아닌지 등 비교하고 비교당하며 그 안에서 기쁘기도 하고 마음 아파하기도 한다.

우리 아이가 100점을 맞아도 기쁜 마음은 잠시, 엄마는 꼭 확인할 것이 따로 있다. '100점 맞은 학생이 반에서 몇 명인지', '반 평균이 몇 점인지'이다. 우리 아이가 잘하는 것보다 다른 아이와 비교했을 때 얼마나 잘하는지가 더 중요한 기준인 듯하다. 아이가 무엇을 제대로 배우는지 학습 자체에 대한 관심보다는 남들과 비교해서 잘하는지 그렇지 않은지에 더 관심을 기울인다. 이는 타인을 의식하며 살아가는 데 익숙한 동양 문화권의 특징이 반영된 것이다. 한국 엄마들은 상대방의 시선을 매우 의식하며 살아간다. 반면 서양 엄마들은 타인의 시선보다는 자신의 생각을 더 중요시한다. 다음의 에피소드를 통해서도 한국 엄마의 비교 심리를 엿볼 수 있다.

한국 가족이 미국으로 이민을 갔다. 여느 때와 마찬가지로 엄마는 초등학교 다니는 딸을 데리러 학교 앞으로 마중 나갔다. 어느 정도 현지 학교 생활에 적응한 딸은 멀찌감치 금발머리 친구와 함께 걸어

온다. 그 옆을 보니 금발머리 친구의 엄마처럼 보이는 여성이 딸을 반기는 듯하다. 그녀도 얼른 딸에게 다가가 딸의 친구와 친구의 엄마와 반갑게 인사를 건넨다. 아직은 서투른 영어로 인사를 나누고 나서 한국 엄마들이 하는 의례적인 질문을 한다.

> 한국 엄마: 알리샤는 공부 잘하죠?
>
> 미국 엄마: (살짝 당황하는 눈빛을 보이며) 아, 네…… 열심히 하긴 하는데…….
>
> 마치 그녀는 그런 걸 왜 물어보지, 라는 눈빛이다. 어색한 대화를 뒤로하고 금발의 모녀에게 인사를 건네고 돌아선다.
>
> 한국 엄마: (돌아서는 그들을 향해 환하게 웃으며 또 한마디 한다) 다음에 또 보자 알리샤, 공부 열심히 하구.
>
> 그녀의 등 뒤로 금발 모녀의 나지막한 음성이 들린다.
>
> 알리샤: 엄마! 저 아줌마는 왜 저런 걸 물어봐요?
>
> 미국 엄마: 글쎄다…… 알리샤.

이런 비교 심리는 우리 자녀를 어떻게 해치게 될까? 사실 나는 어릴 때 오빠와 끊임없이 비교를 받으며 성장했다. 그때는 사회 분위기가 그랬던 것이라 성인이 된 지금은 이해가 가지만 당시에 받았던 비교는 내 정서에 좋지 않은 영향을 주었다. 요즘이야 아들과 딸이 동등한 대우를 받는다지만 과거에는 아들을 절대시했다. 친척 집을 가

도 아들만 챙기는 것 같고, 넉넉하지 않은 형편에 오빠만 미술 학원
이나 피아노 학원을 다녔고, 엄마는 오빠 학교 모임에만 참석하셨다.
비교받는 환경에서 자라난 아이들은 서서히 자신감을 잃어 가고 자
존감이 낮아진다. 반대로 반항적인 아이로 성장해서 매 상황에 경쟁
적이고 적대적인 태도를 취하기도 한다. 중요한 사실은 비교 대상자
와 끊임없이 내적 갈등 관계가 형성되어 습관적으로 상대를 의식하
거나 예민하게 대한다는 점이다. 다음 두 사진을 보자.

그림 1   그림 2

그림 1, 2에서 "가운데 있는 사람은 둘 다 행복해 보이는가?"라는
질문에 서양 사람들은 '둘 다 행복해 보인다'라고 대답하는 비율이
높고, 동양인은 '그림 1만 행복해 보인다'라고 대답하는 비율이 높다.
가운데 사람에 대한 기분 상태를 물었을 때 그 사람 자체만을 보고
판단하는 것이 서양인이라면, 동양인은 주변 사람의 표정도 함께 보
면서 가운데 사람을 인식하고 있다는 것을 알 수 있다.

남이 잘되는 꼴은 절대 못 봐

과거 우리나라는 촌락 공동체를 이루고 살아왔다. 서양처럼 계약적 관계이기보다는 관계를 중요시 여겨 왔기에 옆집에 신세를 져도 다음에 또 다른 방식으로 성의를 베풀며, 좋은 게 좋은 것이라는 인심과 정으로 함께 잘사는 삶을 추구해 왔다. 그런 문화는 지금까지도 누구 집 김장하는 날이면 마을 사람들이 모여 함께 도와주고 누구 집에 상을 치른다고 하면 밤새 함께 시간을 보내 주며 알게 모르게 한국적 정서를 이어 가고 있다. 임신을 하면 산부인과 동기가 생기고, 출산을 하면서 산후조리원 동기 엄마들의 모임, 어린이집에 보내면 어린이집 엄마들과의 커뮤니티, 또 지역 내에서는 비슷한 또래 엄마들의 동호회 활동 등을 통해 항상 그들과 소통한다. 그러면서 비슷한 고민을 나누고 함께 아파하며 격려하고 조언한다. 어떤 유치원이 좋다는 정보가 떠돌면 그 유치원은 순식간에 대세로 떠오른다. 특정 물티슈가 좋다는 입소문이 나면 순식간에 그 물티슈가 판매 1위를 점령하는 것도 시간문제다.

촌락 공동체였던 우리는 서로를 도왔고 어려운 처지의 사람을 위해 기꺼이 시간과 노력을 아끼지 않았다. 이런 공동체 삶은 우리와 '융화'될 수 있는 평균적인 사람을 지향했다. 여우같이 요령 있는 사람보다 곰같이 묵묵하게 일하는 사람이 인정받았고, 자기주장을 내세우는 사람보다 수용적인 사람을 선이라고 생각했다. 갈등보다 화합을 우선시하고 튀거나 독특한 것은 손가락질 받았다. 그러다 보니 우리 교육도 평균을 뛰어넘기보다는 평준화된 교육을 지향했고, 천편일률적인 제도에서 똑같은 정보를 주입하는 형식으로 발달해 왔다. 누군가 잘되거나 잘살게 되면 질투를 하고 같은 문화 속에서 더 잘나지도 더 못나지도 않게 살아야 공존할 수 있는 사회가 되었다. 그래야 질투와 모략의 대상으로 낙인찍히지 않을 수 있기 때문이다. 이와 관련해서 다음의 실험을 살펴보자.

 여러분은 원숭이, 판다, 바나나 중에서 둘을 묶어야 한다면 어떻게 묶을까?

미시건대 심리학과에서 실험을 한 결과 대부분의 서양인들은 같은 포유류인 원숭이와 판다를 묶었고 동양인은 원숭이와 바나나를 묶었다. 이유를 물으니 서양인은 '원숭이와 판다는 포유류이니까'처럼 개체의 특성과 범주에 주목했다면, 동양인들은 '원숭이가 바나나를 먹으니까'와 같이 관계를 중요하게 생각하는 것으로 나타났다.

엄마도 꿈을 가져야 한다

자녀가 쫑알쫑알 알아듣지 못하는 말이라도 시작하게 되면 부모들은 뭐든 얘기를 나누고 싶어 한다. 어느 정도 의사소통이 가능하면 어른들로부터 듣는 공통된 질문이 있다.

"우리 딸(손자)은 꿈이 뭐니?"

"커서 뭐가 되고 싶어?"

부모 모임에서 들은 얘기다. 하루는 숙제를 봐주다가 엄마가 열심히 받아쓰기를 하는 딸의 초롱초롱한 눈빛을 보며 호기심에 차서 물었다고 한다.

"우리 딸은 꿈이 뭐야?"

그랬더니 딸은 망설임 없이 이렇게 답했다고 한다.

"난 연예인도 되고 싶고, 의사도 되고 싶고, 미용실 언니도 되고 싶어." 그 모습을 본 엄마는 그 순수함에 한바탕 웃음을 지었다. 그런데 딸이 이내 반문했다.

"그럼 엄마는 꿈이 뭐야?"

마치 아이는 엄마의 거창한 꿈을 기대라도 하는 듯 눈꺼풀을 껌뻑껌뻑거리며 빤히 쳐다보았다.

"음, 엄마는 말이야…… 엄마 꿈은 우리 딸이 잘 크고, 아빠가 돈 많이 벌어 와서 잘사는 게 꿈이지."

아이는 자신이 원하는 답이 아니라는 듯 다시 물었다.

"아니 그거 말고 엄마 꿈 말이야."

엄마는 또 한 번 생각에 잠기고는 말했다.

"그러니까 엄마는 우리 딸이 공부 잘하고 바르게 자라서 훌륭한 사람 되는 게 꿈이야."

아이는 조금 짜증난다는 표정으로 대꾸했다.

"아이참. 엄마! 엄마가 못 되라고 해도 난 잘 크고 잘살 거야. 그러니까 엄마 꿈이 뭐냐고!"

하루는 회사에 예고 없이 한 어머니와 초등학교 1~2학년 정도 되어 보이는 아들이 방문을 했다. 아들의 진로 코칭을 좀 받고 싶다고 온 것이다. 어머니는 뭔가 다급해 보이기도 하고 답답한 듯 표정이 영 불편해 보였다. 아들은 엄마 눈치를 보는 듯했지만 표정은 밝고 순수했다. 목소리를 들어 보니 약 보름 전에 전화로 오랜 시간 질문을 했던 분인 듯했다. 우선 응접실로 안내를 하고 가벼운 대화부터 시작했다. 이 모자는 시골 중에서도 아주 시골에서 차를 여러 번 갈아타고 이곳까지 어렵게 왔다고 했다. 다행히 친인척이 이 지역에 살고 있어 이런 곳이 있다는 정보를 입수하고 올 수 있게 되었다고 한다. 이어서 어머니와 아들이 이곳을 찾은 이유를 설명했다.

어머니는 어린 나이에 시집을 가서 아이 하나를 낳고 남편을 도와 농사일을 시작했다. 그러던 어느 날 남편이 갑자기 운명을 달리하게 되었다. 그때부터 아들 하나를 바라보며 뒷바라지를 위해 억척같이 일을 해 오고 있었다. 그녀의 손끝은 지금까지의 삶을 대변하는 듯했다. 순간 얇게 바른 내 손톱 매니큐어가 부끄럽게 느껴졌다. 그녀는 그런 삶을 살아갈 수 있었던 원동력이 같이 온 아들 녀석 덕분이라고 했다. 그런 자신의 꿈과 희망 같은 아들이 최근에 속을 뒤집는 말을 해서 도저히 이를 어찌해야 할지 몰라 찾아왔다는 것이다.

어느 날 그녀는 잠자리에 누워 있는 아들에게 "우리 아들은 커서 뭐가 되고 싶어?"라는 질문을 했단다. 설레는 마음으로 아들의 답변을 한참 기다렸는데 아들은 망설이더니 대뜸 철도 기관사가 되고 싶다고 했다는 것이다. 엄마는 귀를 의심하며 재차 확인했다. "뭐? 철도 기관사? 철도 기관사 맞아?" 엄마는 말문이 막혔다. '내 나이 30대 중반. 홀로 되고도 나쁜 마음 한번 먹지 않고 자식 하나 잘 키워 이 고생을 언젠가는 벗어 버릴 날만 기다렸는데 그런 기대주가 고작 철도 기관사라니……' 하는 마음이 들었다고 했다. 그녀는 아들이 사회적으로 선망받고 흔히 얘기하는 '사' 자가 들어가는 직업인 검사, 판사, 의사, 변호사 정도가 되기를 바라고 있었는데 아들의 대답이 기대에 미치지 못하니 실망이 너무 크다는 것이다. 나는 철도 기관사도 '사' 자가 들어간다는 가벼운 유머를 남기고 아들과 대화를 좀 해 보겠다고 제안했다. 그리고 그녀를 잠시 바깥으로 안내했다.

아들은 요즘 도시에서 볼 수 없는 아주 순박하고 천진난만한 미소 천사 같은 인상이었다. 아버지 없이도 구김살 없이 자라 온 듯한 모습을 보니 진심으로 엄마가 아들을 어떤 마음으로 키웠는지 느낄 수 있었다. 처음에는 가벼운 질문을 통해 아들과 친밀한 관계를 형성하였다. 이어서 아들의 일상을 들여다봤다. 아직도 대중교통이 잘 닿지 않은 곳에서 살던 아들은 먼 거리를 걸어서 등하교를 한다고 했다. 등하굣길에 마주하는 건 넓게 펼쳐진 논과 밭, 계절마다 바뀌는 갓길에 핀 들꽃, 하늘 그리고 산중턱에 터널과 터널 사이로 연결되어 있는 철길, 거기를 하루에 몇 번 지나다니는 기차, 이런 것이 전부였다. 조심스럽게 철도 기관사가 되고 싶은 아들의 포부를 물어봤다. 그 순간부터 아이는 눈에서 광채가 날 정도로 열심히 신나게 설명을 했다. 아이는 철도 기관사가 저 길고 큰 기차를 가고 싶은 곳으로 운전할 수도 있고 엄청 빠르고 멀리 갈 수도 있기 때문에 되고 싶다고 말했다. 나는 공감과 감정을 헤아린 후 바로 이어 질문했다.

나: 그럼 OO는 그 기차를 타고 어디로 제일 먼저 가고 싶니?

아들: (기다렸다는 듯이) 저는요, 아프리카도 가고 싶고, 북한도 가고 싶고, 또 미국도 가고 싶고……

나: 그런 곳에 가서 OO는 뭘 하고 싶어?

아들: 저는요, 가끔 보면 까맣게 생긴 아이들이 흙도 주워 먹고, 먹을 게 없어서 굶어 불쌍하게 사는 거 봤거든요. 그런 아이들 도와주고 싶기도 하고, 또 다른 데 가서 친구들도 많이 사귀고 싶기도 하고…… 그래요.

나: 아, 그랬구나. 우리 OO는 참 대단하다. 정말 훌륭한 마음가짐을 가졌구나.

그랬다. 아이는 자신이 원하는 삶을 마음속에 품고 하루하루 희망적으로 살아왔다. 꿈꾸던 삶을 찾아가려고 아이가 자신의 눈높이와 경험에서 생각해 낸 방법이 바로 철도 기관사가 되는 것이었다. 철도 기관사는 어디든 자기가 가고 싶은 곳으로 갈 수 있는 돌파구 같은 수단이었던 것이다. 그리고 철도 기관사에서 시작한 꿈 안에 그 이상의 단단한 무언가가 뿌리내려지고 있다는 것을 느꼈다.

다시 어머니와 대화를 시작하고 내가 느낀 감정과 아들에 대한 아낌없는 칭찬을 했다. 진심으로 아들을 잘 키우신 듯해 부러움까지도 표현했다. 어머니에게 아들의 입장을 설명하였다. 그리고 형편이 닿는 대로 읽을 수 있는 책들을 많이 읽혀 OO가 최대한 간접 경험을 할 수 있게 요청했다. 그리고 어머니께도 자녀의 행복한 삶을 위한 팁들을 알려드렸다. 그녀는 고개를 끄덕끄덕하며 처음 다급하게 들어왔을 때의 표정은 사라지고 온화한 미소로 보답했다.

성공하는 가정에는 핵심 가치가 있다

최근 정부 창업 활성화 정책에 따라 청년 창업, 시니어 창업과 같은 1인 기업 CEO들이 늘어나고 있다. 창대한 꿈을 안고 야심차게 시작하지만 이내 풍선에 바람 빠지듯 사라지고 마는 기업들이 부지기수다. 이유야 다양하지만 그중 한 가지로 자기 직업에 대한 이념이나 철학이 굳건하지 않다는 점을 들 수 있다.

기업을 운영하다 보면 직원 문제, 계약 문제, 관리 문제, 임금 문제,

고객과의 갈등 같은 문제가 끊임없이 발생한다. 이럴 때 경험이 부족한 창업자들은 그때그때 임기응변으로 대응한다. 또는 상황이나 사람에 따라 처리 방식이 제각각일 때도 있다. 예를 들어 고객이 컴플레인을 걸어왔을 때 어떤 고객에게는 100퍼센트 환불을 해 주고, 어떤 고객은 그렇지 않다. 또 처음에는 A라는 아이템으로 시작하여 중간에 이것저것 기웃거리다가 아예 업종을 변경하기도 한다. 일관성도 없고 중심도 없고 모든 게 대표자 마음대로다. 이런 기업의 공통점은 기업을 경영하는 핵심 가치가 없다는 점이다.

기업의 핵심 가치는 곧 대표자의 경영 철학이다. 삼성이 '인재 제일·최고 지향·변화 선도·정도 경영·상생 추구'라면, LG는 '고객을 위한 가치 창조·인간 존중 경영' 같은 확고한 핵심 가치가 있다. 이와 같이 가정을 경영하는 엄마는 기업을 운영하는 대표자와 같은 확고한 철학이 있어야 한다. 그날그날 기분에 따라 양육 태도가 달라지면 자녀는 부모의 눈치를 살피기에 급급할 것이다. 일관성 없는 엄마의 태도는 아이의 신뢰를 얻지 못하고, 아이는 요령만 늘어간다.

가정에서 이념과 철학을 세우면 흔들리지 않고 가족이 가고자 하는 방향으로 곧고 바르게 갈 수 있다. 또 방향을 잃고 헤매는 상황이 와도 가치관에 따라 제대로 판단하고 다시 길을 찾게 된다. 가치관은 가족 간 대화를 통해 생각을 공유하여 만드는 것이 필요하다. 옛날처럼 붓글씨로 가훈을 써 거실 중앙에 걸어 놓는 것까지는 아니라도 가족의 미래와 생활 방향을 수시로 나누는 것은 바람직하다. 가족의 가치관이 확실하면 혹 자녀가 문제 상황에 당면했을 때 그 가치를 떠올리며 방향을 찾아갈 수 있다. 그 외에도 부부관, 직장관, 인생관 등 자신이 추구하는 가치를 끊임없이 생각하고 가족과 공유하는 것이 필요하다.

코칭 교육 중 엄마들에게 꼭 내는 첫 번째 숙제가 바로 이것이다. 교육 후 집에 돌아가서 자신의 인생관, 자녀관, 가족관 등을 생각해서 작성해 오는 것이다. 그들이 작성한 내용 가운데 일부를 소개해 본다.

인생관

열정을 갖고 열심히 살기 / 결혼하고 남편과 여행하면서 살기 / 따뜻한 사람이 되자 / 어제보다 한 발 더 나아간다 / 지혜로운 사람이 되자 / 이미 지나간 일을 생각하지 말자 / 30퍼센트 단호함, 70퍼센트 부드러움 / 나는 행복하다 / 인생을 즐기자 후회하지 말자 / 더불어 사는 사람, 서로 돕고 사는 사회 / 항상 배우고 발전하는 자세 / 사람마다 그럴 수도 있지 하고 넘기기 / 나의 일을 갖고 당당하고 존경받는 엄마, 아내가 되기 / 긍정적으로 생각하고 믿는 만큼 이루어진다 / 건강하고 즐겁게 살자 / 즐기자(세계 여행)

자녀관

자녀가 올바른 삶을 살 수 있도록 노력하고 싶어요 / 아이가 올바른 인생을 선택할 수 있게 노력하고 싶어요 / 예의 바르고 긍정적 사고로 박학다식한 자녀로 키우고 싶다 / 아이를 있는 그대로 믿고 인정하고 지지하자 / 올바른 가치관으로 인성이 바른 아이로 자라길 / 아기가 나를 무서워하지 않고 속에 있는 말을 스스럼없이 할 수 있도록 / 하고 싶어 하는 건 최대한 밀어주기 / 헌신적인 삶을 살았으면 / 공부는 강요 안 하고 아이가 하고 싶고 원하는 걸 했으면 / 스스로 할 수 있는 사고방식 / 흔들리지 않는 사람, 즐길 줄 아는 아이 / 몸과 마음의 건강 / 홀로서기 할 수 있는 사람 / 자기 주도, 강하게

내용을 살펴보면 마음이 짠하다. 그들이 얼마나 자신을 소중하게 생각하고 행복하고 즐거운 삶을 추구하는지 알 수 있다. 자녀에 대한 생각도 사랑 그 자체인 듯 느껴진다.

개인 코칭을 할 때도 엄마들에게서 주로 나오는 주제가 '자녀가 행복한 삶을 살았으면 좋겠어요', '자녀와 좋은 관계를 형성하고 싶어요'다. 평범한 듯 보이지만 어려운 주제다. 왜냐하면 '좋은 관계', '행복한 삶'은 사람마다 각기 다른 추상적인 개념이라 이에 대한 정의부터 내리려면 꽤 깊은 대화를 나눠야 한다.

코치가 되기 전 멘토 코치에게 비슷한 주제로 코칭을 받은 적이 있다. 그날 내 코칭 주제는 '회사를 체계적으로 잘 운영하고 싶다'였다. 그런데 코칭 과정에서 깨달은 건 체계적인 회사 운영에 대한 목표 이상으로 아내·엄마로서 역할도 완벽하게 해내고 싶다는 욕구가 강하

게 내제되어 있다는 사실이었다. 그러다 보니 일은 일대로 뒤죽박죽이고 가정은 가정대로 마음처럼 되지 않아 남편에게 늘 불평을 늘어놓게 되는 악순환이 이뤄졌다. 그때 멘토 코치님의 질문이 아직도 기억에 남는다. "주 원장의 남편과 아이는 정말 어떤 엄마를 원할까요?" 그랬다. 남편은 나에게 짜증 난 얼굴로 일·육아·살림을 완벽히 해치우는 아내와 엄마보다는 좀 부족하고 어설퍼도 노력하는 모습, 그리고 즐겁게 웃는 나를 더 원했다. 그날 이후 남편과 합의 하에 살림에 대한 짐을 좀 덜어 놓고 육아에서도 욕심을 내려놓으면서 퇴근하면 즐거운 모습으로, 회사에서는 똑 부러지는 모습으로 삶에 균형을 찾을 수 있었다.

여태까지 나의 잘못된 기준에 상대를 맞추려 했던 것이 오히려 나를 옭아매어 힘들게 했던 것이다. 그러면서 늘 행복한 삶을 추구한 희생양인 듯 파랑새를 쫓으며 살아왔다. 행복한 삶, 자신이 원하는 삶을 추구한다면 지금 이 순간 내가 할 수 있는 것부터 찾아 실천하길 바란다. 남편과 아이의 즐거움이 행복이라면 지금 일어나 아이 방을 두드리고 들어가 진심 어린 칭찬 한마디를 하거나, 텔레비전을 보고 있는 남편에게 조용히 다가가 따뜻한 격려와 미소를 보냄으로써 우리는 매일매일 행복한 삶을 영위하며 살아갈 수 있다.

앞으로 스스로에게 종종 물어보자. '행복을 추구하기 위해 오늘 내가 행한 건 어떤 걸까?' '거리'를 찾자. 쉬운 듯하면서 그게 잘되지 않는다면 '행복한 모습'이 구체적으로 어떤 모습일지부터 상상해 보자.

사람들마다 행복의 정의와 기준이 다르다. 시집·장가 잘 가서 아들 딸 낳고 평범하게 사는 게 행복이라 생각하기도 하고, 경제적인 부를 누리는 것을, 또 권력과 권위를 행복이라 여기기도 한다. 엄마의 행복 개념과 자녀의 행복 개념이 다를 수 있다는 것을 명심하자. 내가 생각하는 행복의 기준으로 오히려 아이를 해칠 수도 있다. 내 기준에 맞춰 자녀를 끌어당긴다면 행복으로 가기 전에 갈등으로 하루하루가 힘들지도 모른다.

3

엄마의 역할에
날개를 달다

희생과 헌신, 생계형 과거 엄마

일흔이 가까운 우리 엄마는 아침이 분주하다. 이제는 손주가 남긴 밥까지 해결한다. 지금도 엄마는 대부분 시간을 부엌에서 보낸다. 손주를 봐주지만 딸에게 고맙다는 말은커녕 갖은 잔소리를 다 듣는다. 늘 당신을 내려놓고 희생하며, 가족의 기쁨이 자신의 행복이라 여기며 살아온 엄마, 이 엄마가 우리 엄마고, 우리네 엄마다.

당신이 젊었을 때는 대부분 넉넉하지 않았다. 많이 배우지도 못했고, 경제적으로 풍족하지 않은 시대를 거쳐 왔다. 70년대 새마을운동으로 '잘 살아 보세'를 외치며 그 시대를 거쳐 온 억척같은 어머니들로서는 지금처럼 희생하며 사는 것에 익숙할지 모른다. 과거 우리 엄마들은 가부장적인 가정의 희생양이었다. 평생 남동생이나 오빠들의 뒷바라지만 하고 당신 것을 가져 보지 못했다. 밥상에서 기름진 음식은 남자 형제들이 우선 먹었다. 공부하고 싶어도 형편이 어려워 양보를 해야 했고 대학은 꿈도 꿀 수 없는 로망이었다. 그 대신 상고를 졸업하고 생활 전선에 뛰어들어 가정 살림에 한몫을 해야 했다.

우리 부모들은 내 자식에게만큼은 좀 더 좋은 환경, 좀 더 안정된 직장, 좀 더 많은 교육을 원했다. 마치 당신의 결핍을 보상받고 싶은 듯 자녀에게 한없이 희생적이었다. 교육의 기회를 부여받지 못한 당신과는 다른 삶을 살기를 기대했고, 당신이 가지지 못한 힘과 명예, 경제력이 우선되는 가치를 강조했다. 그것이 그때의 가정교육이고, 부모의 사랑이었다. 그 억척같은 뒷바라지 덕에 우리는 짧은 기간 동안 고도성장을 이뤘고 훌륭한 인재들은 사회 곳곳에서 다양한 역할을 하며 국가 발전에 이바지했다. 엄마의 희생 위에 성장한 우리는 이제 엄마가 되어 자녀를 양육하고 있다.

불안과 초조, 리더형 현대 엄마

희생과 헌신에 물든 엄마 덕에 귀하게 자라서인지 요즘은 지나치게 잘난 엄마들이 많다. 대부분 고등교육을 받았고 금지옥엽으로 자라 온 덕에 어디서나 기죽지 않는다. 그래서인지 그들의 자녀는 다들 왕자고 공주다. 식당에서 뛰어다녀도 내 아이니 괜찮고, 친구와 조금만 다퉈도 쉽게 어른들 싸움으로 이어지고, 엘리베이터에서 어른이 귀엽다고 쓰다듬어도 불쾌한 내색을 서슴없이 한다.

몇 해 전 신문에서 씁쓸한 기사를 접한 적이 있다. 딸과 산책하던 아빠가 딸에게서 이상한 기운을 느꼈다고 한다. 휴대 전화를 자꾸 확인하며 불안해하기에 한참 설득한 끝에 이유를 알아보니 같은 반 남학생한테서 입에 담을 수 없는 욕설 문자를 연달아 받고 있었다. 아빠는 끓어오르는 분노를 참을 수 없었다. 다음 날 학교로 달려가 등교하는 그 남학생을 아이들이 보는 가운데 구타했다. 이 소식을 알게 된 남학생 부모는 또 어땠겠는가? 바로 그 딸아이 아빠를 고소했고 법정 공방 중에 있다는 내용이었다. 이것이 이슈가 된 건 그 두 부모가 사회에서 인정받는 유명 대학 교수와 전문직 종사자였기 때문이다. 누가 옳고 그른지를 판단하기 전에 그들 방식이 과연 최선이었는지 생각해 봐야 할 문제다.

이런 이슈가 아니더라도 일반적으로 요즘 엄마들은 자녀로 인해 바쁘다. 오죽하면 '헬리콥터맘', '돼지엄마', '블랙호크맘', '카페맘', '셀폰맘', '스캠맘', '몬스터맘', '얼리맘'이란 신조어가 생겨났을까. 엄마들에게 무엇을 위해 이렇게 열심히 하느냐고 물어보면 대부분 "애들 잘되라고 그러는 거죠" 하고 쉽게 말한다. "그럼 잘된다는 건 어떤 모습일까요?" 하고 또 묻고 싶어진다.

〈엄마 상을 대변하는 신조어〉

- 돼지엄마: 엄마 돼지가 새끼를 데리고 다니듯 초보 엄마들을 이끄는 데서 비롯된 말. 학원에 엄마들을 소개하고 새로운 선

생님이나 강좌가 생기면 엄마들을 설명회에 모으는 등 역할이
다양하다.

- 블랙호크맘: 블랙호크는 특수 부대 병사들이 작전에 투입될
  때 타는 헬기이다. 자식이 잠시라도 한눈을 팔지 못하도록 감
  시하는 열혈 엄마를 뜻한다. 반대말로는 멀리 떨어져 관찰만
  하는 '인공위성맘'이 있다.
- 셀폰맘: 휴대 전화를 통해 자녀의 위치를 추적하며 시도 때도
  없이 잔소리하는 엄마. 아이들에게 '짜증맘'으로 통한다.
- 스캠맘: 스마트하고 아이 중심적이며, 적극적인 엄마. 자식 뒷
  바라지엔 열심이지만 일일이 간섭하기보다는 한 발 떨어져 응
  원하며 현명하게 처신하는 '스마트맘'.
- 몬스터맘: 내 자식이 손해 보는 일은 절대 못 참는 엄마.
- 카페맘: 일명 '아카데미맘'. 학원이나 학교에 간 아이를 카페에
  서 기다리며 다른 학부모와 교육 정보를 교환하거나 교육 관
  련 서적을 읽는 엄마.
- 얼리맘: 현장 체험이나 봉사 활동 등 입시에 유리한 정보를 찾
  아 일찍 움직이는 엄마.

미국 법무부의 통계 전문가인 바바라 A. 우데커크가 주도한 연구
팀은 최근 「아동 발달 저널Journal Child Development」에 게재한 보고서
를 통해 "독립적으로 결정하는 기회가 주어지지 않을 경우 10대 청

소년들은 그들의 친구나 친구의 의견에 맹종하는 경향이 있다"고 주장했다. 연구팀은 13세에서 18세 사이의 청소년을 상대로 그들의 일상생활에서 부모의 심리적 통제 여부가 어느 정도인지를 조사했다. 또 연구 대상 학생들의 자율성 및 비슷한 연령대인 친구들과의 교우 관계도 평가했다. 친구 관계엔 남녀가 사귀고 있는 경우까지 포함됐다. 그 결과 교우 관계에서 자율성과 친밀성이 떨어진 청소년일수록 부모의 간섭을 보다 많이 겪은 것으로 조사됐다.

우데커크에 따르면 부모들은 자녀가 친구들에게 자신의 의견을 피력하는 능력을 높여 줄 수도 있고 반대로 약화시킬 수도 있다. 그는 사춘기 시절 교우관계에서 자기 의견을 제대로 밝히는 법을 배우지 못했을 경우 성인이 되어서도 비슷한 경험을 하게 될 수 있다고 경고했다. 우데커크는 부모의 의견을 자주 강요받은 청소년들이 졸업하고 나서 사회에 진출한 뒤에도 타인의 의견만을 좇아갈 수 있다는 점을 지적했다.

언젠가 '엄마의 뇌 속에 아이가 있다'는 제목의 다큐멘터리를 본적이 있다. 다큐멘터리에서는 초등학교 3~4학년을 둔 미국 엄마 10명과 한국 엄마 10명을 대상으로 한 가지 재미있는 실험을 한다. 뒤섞인 단어를 재조합해서 푸는 단어 조합 게임이었는데 엄마들은 동서양 아이들의 어휘력 테스트로 알고 있었다. 하지만 실제로는 3개의 문제가 제시되고 아이들이 문제를 잘 풀지 못했을 때 엄마들의 반응을 비교 관찰하기 위한 것이었다.

먼저 한국 엄마를 살펴보면, 회오리 열차라는 단어가 나오자 정답을 맞히기 위해 엄마가 적극적으로 도와준다. 엄마의 도움에도 어려워하는 아이를 보다가 단어의 순서를 바꾸라는 직접적인 힌트를 주고, 아이는 그제야 답을 맞힌다.

미국 엄마는 어떨까? 아이가 문제를 푸는 동안 거의 말이 없다. 아이가 한참을 어려워하자 그제야 도움을 준다. "아프리카 같은 곳에 사는 동물이 뭐지?"라는 질문을 하자 아이는 대답한다. "음…… 호랑이, 사자, 힘센 코끼리……. (조금 뒤 뭔가 생각난 듯) 혹시 표범이에요?" 그러자 엄마는 "난 답해 줄 수 없단다"라고 규율을 지킨다. 아이는 결국 제 스스로 정답을 맞힌다. 한국 엄마와는 달리 미국 엄마는 별다른 개입 없이 지켜보기만 한다. 아이가 문제를 풀지 못해도 격려만 할 뿐 직접적인 도움을 주지는 않는다.

실험 카메라가 끝나고 미국 엄마들의 인터뷰에서 공통적으로 나온 말은 아이가 철자를 못 맞힐 때 안타깝지만 알려 주지 않으려고 노력했다는 것이다. 한국 엄마나 미국 엄마 모두 아이가 잘 못 맞히면 안타깝고 답답해서 이런저런 것들을 말해 주고 싶었을 것이다. 그럼에도 한국 엄마들은 안타까운 상황을 참지 못하고 알려 준 반면에 미국 엄마들은 아이 스스로 해낼 때까지 참고 기다렸다. 미국 엄마의 태도는 좀 냉정하게 비춰지기도 하고 아이 입장에서도 서운하다고 여길지 모른다. 하지만 당장의 점수나 평가보다는 장기적인 안목으로 들여다본다면 우리들에게는 '기다릴 줄 아는 습관'도 중요한 교육법이다.

우리 아이가 처음 퍼즐을 시작했을 때 일이다. 조각조각을 맞추려는 시늉 자체가 너무 기특하고 예뻤다. 그 모습을 보는 가족들은 축구 방송 중계라도 하듯 옆에서 "거기 아니고 그 옆에", "아니, 아니", "아, 거기가 아닌 거 같은데", "그렇지"라고 말을 한다. 어른들은 아이의 손 움직임에 퍼즐을 놓아 주지만 않았지 대신하고 있는 듯했다. 어느 순간 아이는 조금 시도하다가 잘 모르겠으면 주변 어른들에게 도움의 손길을 요구하는 눈빛을 보낸다. 물론 처음부터 뚝딱하고 맞춘다는 건 어렵겠지만 아이가 할 수 있도록 옆에서 응원하고 격려하며 지켜봐 주는 것이 우리의 역할이다. 만약 이런 놀이에서부터 스스로 뭔가를 해내게 된다면 다음과 같은 결과가 따라오게 된다.

◇ 아이는 성취감을 맛볼 수 있다.
◇ 시간은 걸리더라도 사고의 폭이 넓어질 수 있다.
◇ 스스로 문제를 해결하려고 노력할 것이다.
◇ 자녀와 부모 간의 신뢰가 형성된다.
◇ 스스로 알아서 하는 법을 배우게 된다.

존중과 이해, 코치형 미래 엄마

당신은 자녀로부터 완벽한 엄마로 기억되고 싶은가? 좋은 엄마로 기억되고 싶은가? 좋은 엄마는 모든 것을 만족시키는 엄마가 아니다. 좋은 엄마는 자녀에게 희생과 봉사정신으로 무조건 베푸는 엄마도 아니다. 자신의 감정과 욕구를 아이에게 맞춰 조절할 수 있는 엄마가 좋은 엄마이다. 이런 엄마는 아이가 우유를 엎질러 순간 화가 나도 금방 감정을 다스려 아이를 안심시키고 사랑스러운 눈빛으로 바르게 컵을 쥐는 법을 알려 줄 수 있다. 아이와 눈높이를 맞춰 마주하고 온화한 웃음을 지어 주고, 따뜻한 손길로 아이의 정서까지 어루만져 줄 수도 있다. 좌절과 실패, 일상에서 일어나는 실수들로 인해 인격적으로 비난하거나 질책하지 않고 자녀의 감정을 헤아리기도 한다. 아이를 소유물이 아닌 하나의 인격체로 존중하고 그 자체를 인정한다. 살아가다 길을 잃고 미로에 갇혔을 때 손을 잡고 출구로 데려다 주는 엄마이기보다, 아이가 포기하지 않게 응원하고 지지하고 격려하는 엄마가 되어야 한다. 결국 헤매다 포기하게 될지라도 따뜻하게 안아 주고 용기와 위로를 주는 것이 필요하다.

좋은 엄마가 되기 위해서는 하루에 열두 번도 더 자신과 대화를 해야 한다. 예를 들어 엄마가 자신도 모르게 아이에게 심한 말을 내뱉었다고 하자. 정말 의도치 않게 일어난 일이다. 그 자체는 문제이고, 실수다. 그럴 수도 있다. 엄마도 엄마이기 전에 한 사람이다. 그런데 더 큰 문제는 그다음부터다. 뭐 긴 사람이 성낸다고 자신이 실수했으면서도 반사적인 자기 방어 본능 때문에 하지 말아야 할 말들이 연이어 나온다. "네가 그러지 않았으면 엄마도 안 그랬을 거 아니니?", "네가 그런 식으로 하니까 엄마가 화를 내지", "애초에 네가 잘했어봐. 엄마가 이런 말까지 했겠어?" 마치 자신의 실수가 정당하다는 듯

주장한다. 그러고 나서 아이가 잠들면 바보같이 화냈던 자신을 자책하며 쓸쓸히 눈물을 흘리며 후회한다. 이런 악순환보다는 문제나 실수라고 생각하는 일이 발생한 순간 스스로에게 묻는 훈련이 필요하다. '지금 이 순간 좋은 엄마의 태도는 어떤 걸까?' 하고 말이다. 누구나 문제를 일으키고 실수를 저지른다. 부부간에도, 직장에서도, 친구들과도, 가족들 사이에도 수없이 많은 문제와 갈등, 실수의 연속이다. 그런데 잘 생각해 보면 그 문제 자체로 인해 문제가 커지는 경우는 드물다. 대부분 그 문제를 대하는 태도로 인해 처음의 문제가 더 확대되는 것이다. 아이가 엄마로 인해 상처를 받았다면 갈등이 시작된 이슈보다 그 갈등을 대하는 엄마의 태도로 인해 더 큰 상처를 받는 경우가 많다.

　하지만 어디 그게 쉬운가? 내가 나의 행동과 태도를 순간순간 선택하기가 말이다. 그렇게 하기 위해서는 어린아이가 하나씩 터득하며 성장하듯 훈련과 연습이 필요하다. 아이가 처음부터 수저를 쥐고 밥과 반찬을 능수능란하게 먹는 것은 아니다. 처음에는 손으로 먹다가 포크를 이용해 보고 서툴지만 수저를 쥐어 보려 애쓰고 또 그러다 처음처럼 두 손으로 온갖 장난을 치며 밥을 먹다 또 수저를 쥐는 법을 가르치고 연습하고 다음번에도 반복, 또 반복하다가 어느 날 젓가락질을 하고 있는 아이의 모습을 발견하게 된다. 엄마도 아이처럼 하나씩 하나씩 연습하고 훈련하며 내 것을 만들어 가는 과정이 필요하다.

처음 운전을 배울 때를 기억해 보자. 운전을 배우기 오래전, 가령 초등학교 때 '나는 운전면허증을 따서 운전해야지' 하고 생각하는 사람은 드물다. 이때는 운전에 대한 생각도 운전 능력도 없다. 이때를 '무의식적 무능력' 상태라고 한다. 그러다가 고등학교를 졸업하고 성인이 되면서 '운전면허증을 따 놓으면 좋겠다'고 생각한다. 그렇다고 운전할 수 있는 능력이 있는 것은 아니다. 이때를 '의식적 무능력 상태'라 한다. 이어서 운전면허 학원을 등록하고 드디어 운전면허를 취득한다. 이제는 법적으로 운전할 수 있는 자격이 주어진다. 그렇다고 면허를 취득하자마자 고속도로를 쌩쌩 달리거나 도심을 누비기는 어렵다. 나는 20살 때 면허를 따고 도로 주행을 위해 아버지와 함께 동네 인근으로 향했다. 아버지는 긴장하고 있는 나를 느끼셨는지 연신 옆에서 일일이 훈수를 두셨다. 그러다 결국 "너 안 되겠다. 차 돌려라. 집에 가자"고 했다. 순간 자신감을 잃었다. 만점 가까운 점수로 통과한 능력자라고 자부했는데 아버지가 기를 팍 죽였다. 만약 내가 거기서 의기소침해져 '휴, 운전 못해 먹겠네' 하고 면허증을 내동댕이쳤다면 면허증은 아마 친정집 장롱에 고이 모셔져 있었을지 모른다. 할 수 있는 능력도 있고 해야겠다는 생각도 있는 이때를 '의식적 능력 상태'라 한다.

대부분 우리는 '의식적 능력 상태'다. 엄마로서 자격은 갖췄지만 능수능란한 상태는 아니다. 어느 날은 잘되다가 어느 날은 안 되고, 남편과 관계가 좋을 때는 맑음이다가 다투기라도 하면 바로 흐림 상태로 바뀐다. 괜찮다. 대신 꾸준히 시도하려는 노력이 중요하다. 그 노력은 자녀가 느낀다. 그 감정이 전달되는 게 중요하다. 두세 번 하다가 내가 예상한 반응이 아니라고 포기하지 않길 바란다. 그렇게 되면 결국 다시 2단계인 의식하는 무능력 상태로 떨어질지 모른다. 만약 꾸준한 훈련과 반복 연습으로 나에게 체득된다면 비로소 4단계인 '무의식적 능력 상태'가 된다. 차에 타면 습관적으로 안전벨트를 매고 사이드 기어를 풀고 액셀러레이터를 밟는 것과 같이 어떤 상황에서도 코칭맘으로서의 자세와 태도가 자연스럽게 나타난다. 이때는 어떤 것에도 영향을 받지 않고 엄마와 자녀가 원하는 방향대로 춤을 추듯 흘러갈 수 있다. 이것이 바로 엄마와 자녀 간에 신뢰 관계가 구축되는 길이다.

4

부부 관계가
교육의 출발점이다

건강한 부부 관계는 가장 효과적인 가정교육이다. 애정 없이 살아가는 20년 된 부부에게 물어보면 결혼해서 지금까지 이혼하고 싶은 마음이 천 번은 된다고 말한다. 그때마다 자녀 덕분에 이혼을 하지 않았다고 한다. 자녀가 없었으면 벌써 남이라고 말이다. 이렇듯 자녀는 부부가 떨어지지 않게 하는 강한 접착제 역할을 한다. 한 설문 조사에서 자녀들이 부모에게 받은 상처들의 순위를 열거해 보면 1위가 부모의 조기 사망, 2위가 부모의 이혼이다. 아무리 자녀에게 잘해 주지 못하는 부모라도 이혼하지 않고 함께 사는 부모가 낫다는 말이다. 하지만 부부간에 대화가 없고 서로 비난하거나 혹은 서로 윽박지르는 부부 사이에서 자녀는 어떤 영향을 받게 될까?

부부 관계의 어려움을 살펴보면 역기능 가정의 특성을 가지고 있다. 결국 자녀가 가장 큰 피해자가 된다. 역기능 가정에서 자라는 자녀들은 불안정한 환경에서 살아남기 위해 생존 역할을 만들어 낸다. 이것은 부적절한 환경에서 견디기 위해 스스로 생겨나는 인격의 형태다. 물론 과거에 대가족이 모여 살던 때에는 꼭 부부가 아니라도 다른 가족들과의 관계에서 다양한 모습을 보고, 들으며 배울 수 있었지만 지금 같은 시대에는 오롯이 엄마와 아빠의 관계를 전체로 봐야 하는 환경이다. 그렇기에 부부의 관계나 소통이 결국 자녀에게 그대로 흡수된다는 걸 알아야 한다. 부부 관계가 어떤 구조이냐에 따라 가정의 형태와 자녀와의 관계에도 영향력을 미친다. 세 가지 부부 형태가 있다. 과거 부부의 전형적 형태였던 전통적 가정과 요즘 젊은 부부들에게서 흔히 나타나는 동등한 부부, 그리고 가장 이상적인 건강한 부부로 나눌 수 있다.

마름모꼴의 전통적 부부 관계

'어디 여자가 남편한테 말대꾸를…….'

'어허, 남자 하는 일에 사사건건 간섭이야?'

'얘야, 어디 남편을 부엌에 들인다니?'

한 번쯤은 장난으로나 드라마 대사에서 접해 봤을 말이다. 물론 지금도 이런 말을 하는 남자가 존재할지 모른다. 전통적 부부는 남편이 경제적 활동과 같은 바깥 활동을 하고 아내는 가족과 살림을 돌보는 것이 바탕이다. 그래서 여자는 남자의 바깥일을 관여해서 안 되었고 남자는 집안 살림에 신경 쓰지 않았다. 부엌에 드나들어서도 안 되고 걸레를 잡아서도 안 되며, 안방 아랫목에서 아내의 밥상과 다과상을 받으면 되었다.

남편은 위엄 있고, 왕과 같이 대우받으며, 남자가 신이고 법이며 모든 결정을 도맡아 판단하게 되는 구도다. 반면 아내는 늘 남편의 눈치를 보고, 조용히 뒷바라지하며, 항상 "예, 알겠어요"라는 긍정적인 답변만 해야 하는 듯한 느낌이 연상된다. 속에서 천불이 나도 가족이 잠들고 난 부엌 한 켠에서 홀로 눈물을 훔치며 한숨과 함께 가슴을 쓸어내린다. 이때는 집안에 껄렁대는 아들 녀석이 있더라도 아버지의 불호령에 고개를 숙인 채 무릎을 꿇고 앉아 아버지의 훈육을 달게 받는다. 그래서 사고를 쳐도 그리 큰 사고를 치지 않았다.

'남성적이다'는 의미는 독립심이 강하고, 공격적이며, 남과 경쟁하기를 좋아하고, 다른 사람을 지도하는 능력이 있다는 것을 말한다. 그뿐만 아니라 자기주장이 강하고, 활동적이며, 용기 있고, 감정에 치우치지 않으며, 자신감이 있다는 말로도 쓰였다. 이이 비해 여성은 다른 사람에게 의존적이고, 수동적이며, 나약하고, 인내심이 약하다는 것을 말했다. 그뿐만 아니라 남과 경쟁하는 것을 싫어하고, 섬세하고, 남을 돌봐 주려는 모성애가 강하고, 순종적이며 수용적이고, 모험을 두려워하고, 감정적이며, 보조적인 역할을 맡으려 한다고 생각되어 왔다. 이것이 전통적 부부의 역할이었다. 하지만 지금은 이런 모습이 이상적이지 않다. 그러기엔 여성들의 사회 참여와 지위가 향상됐고, 오히려 여성의 권위가 더 높은 경우도 많다. 이제는 남녀를 동등하게 대우하고 있다. 다시 말해 전통적 가정 형태가 현재 가정에서는 적합하지 않다.

두 개의 삼각형, 현대적 부부

한국보건사회연구원 박종서 연구위원이 2012년에 15세부터 64세까지 전국 1만 8천 가구의 기혼 남녀 1만여 명(여성 8천여 명, 남성 2천여 명)을 대상으로 부부의 성 역할에 대한 태도를 조사해서 발표한 「가족의 역할 및 관계 실태」란 연구 논문을 보면 과거와 다른 변화를 볼 수 있다. 논문에 따르면 남편이 경제 활동을 하고 대신 아내는 가족을 돌봐야 한다는 주장에 대체로 찬성하는 비율이 41퍼센트, 전적으로 찬성하는 비율은 5.7퍼센트로 나왔다. 이 주장에 긍정하는 비율은 46.7퍼센트로 절반을 밑돌았다. 응답자의 성별에 따른 찬성율을 보면 남성은 52.1퍼센트, 여성이 45.4퍼센트로 '남편=경제 활동, 부인=가족 돌봄'이란 전통적인 성 역할에 대해 여성이 남성보다 찬성 비율이 낮았다.

전통적인 성 역할에 대한 태도 변화는 다음의 조사로도 볼 수 있다. 불경기 때 여자를 남자보다 우선적으로 해고해도 된다는 주장에 찬성하는 비율이 겨우 21.5퍼센트로 나왔는데 특히 이 질문에 대한 응답자 성별에 따른 찬성 비율이 남성이 25.2퍼센트, 여성은 20.7퍼센트로 노동시장에서 여성과 경쟁하는 남성도 찬성 비율이 낮았다.

현대 사회의 경제 활동 단위를 가족이 아닌 개인으로 보는 인식이 자리 잡았다고 볼 수 있는 결과다. 이에 대해 박종서 연구위원은 "기혼 여성들이 전통적인 성 역할에 대한 고정관념에서 벗어나고 있다"고 진단했다.

이런 변화는 일상에서 남편과 아내의 역할이나 태도 변화에서도 쉽게 알 수 있다. 아내에게 당연시되었던 부엌살림을 남편도 스스럼없이 함께하고, 아내는 편안하게 소파에서 드라마를 즐기는 장면이 이제는 이상하게 비춰지지 않는다. 또 집 안 대청소 같은 것도 가족들이 함께 역할과 구역을 나눠 한다.

집안의 큰 결정은 부부가 함께 내리고 남편과 아이는 친구같이 지낸다. 때때로 의견 충돌이 있어도 예전처럼 참고 살지 않는다. 할 말은 하고 오히려 남편이 먼저 백기를 들기도 한다. 전통적 부부에 비한다면 알콩달콩 삶을 즐길 줄 알고 합리적이고 더욱 친밀하다. 반면 어두운 측면으로는 합리적인 것을 넘어 개인적이고 부부가 하나가 아닌 각각 개인으로서의 삶을 더 중요시한다는 점을 들 수 있다. 양보나 배려보다는 내 것, 네 것을 나누고 결혼 후에도 이름을 부르거나 '오빠'가 자연스럽다. 갈등이 생겨도 이해와 존중보다는 잘잘못을 정확히 따져 옳고 그름을 명확히 한다. 각서를 서로 교환하고 계약 관계인지 부부 관계인지 구분이 안 되기도 한다. 요즘 부부들은 부부 싸움으로만 끝나는 게 아니라 각자 부모까지 개입하게 되어 사돈끼리의 갈등, 장서 갈등, 고부 갈등까지 겪는 경우도 있다. 심지어 부부 간에는 화해해서 회복되어도 며느리와 시아버지 사이의 갈등이 해결되지 않아 남편이 본가와 연을 끊는 경우도 있다.

부부가 서로 동등함을 주장하는 이들 부부는 가사, 육아, 재정 등 모든 일을 똑같이 나눠서 해야 한다고 생각한다. 그래서 조금의 불평등이 있거나 자신이 피해를 본다고 여기면 갈등으로 이어지게 된다. 이혼율이 증가하는 이유도 이렇게 변화되어 가는 부부 형태 때문이다. 남녀가 다르고 각자의 장단점이 다른데 모든 일을 동등하게 나누고 공평함을 주장한다는 것은 어딘가 불편한 생각이 든다.

건강한 부부는 별 모양을 만든다

남편·아내

두 개의 세모가 결합되어 별 모양이 된 형태로서 편안하고 안정된 관계를 유지하는 것이 건강한 부부다. 집안의 가장인 남편이 바로 서고 아내가 그 위를 받쳐서 서로 결합된 형태이다. 남편은 존경을 받고 아내는 사랑을 느끼는 관계. 이것이 바탕이 되어야 모든 상황에서 원만하고 발전적인 관계로 성장할 수 있다. 부부가 화목하고 사랑이 넘치면 자녀들의 양육은 어렵지 않다. 화목한 가정 안에서 자녀들은 정서적 안정감을 가지고 삶의 조화와 균형을 유지하게 된다. 많은 부부 간의 갈등 문제를 파고 들어가 보면 궁극적으로 남편은 아내로부터 무시당하고 있다는 감정을 느낄 때, 즉 존경받지 못할 때가 많다. 반면, 아내는 남편으로부터 사랑받지 못하고 있다는 감정을 느낄 때 오해와 갈등이 커진다.

건강한 가정은 가부장적인 성 역할의 고정관념을 깨고 부부가 공동으로 가족의 일을 수행하고, 원만한 부부의 역할을 위해서 서로의 영역을 존중해 준다. 동등한 부부 형태에서 볼 수 있는 자기중심적 사고를 버리고 운명 공동체 또는 부부 일심동체로서 배우자를 받아들여야 한다. 남편은 가부장적 리더십이 아닌 아내와 가족을 섬기는 자세로 아내의 의견과 역할을 존중하고, 아내는 남편의 권위를 위해 자존심을 세워 주고 지지와 격려를 통해 힘을 주는 모습이 이상적이다. 아래의 성경 구절은 이러한 건강한 부부의 모습을 나타낸다.

> 22절 - 아내들이여 자기 남편에게 복종하기를 주께 하듯 하라
>
> 25절 - 남편들아 아내 사랑하기를 그리스도께서 교회를 사랑하시고 그 교회를 위하여 자신을 주심 같이 하라
>
> 28절 - 이와 같이 남편들도 자기 아내 사랑하기를 자기 자신과 같이 할지니 자기 아내를 사랑하는 자는 자기를 사랑하는 것이라
>
> 31~33절 - 그러므로 사람이 부모를 떠나 그 아내와 합하여 그 둘이 한 육체가 될지니 이 비밀이 크도다. 나는 그리스도와 교회에 대하여 말하노라. 그러나 너희도 각각 자기의 아내 사랑하기를 자신같이 하고 아내도 자기 남편을 존경하라
>
> — 『신약성경』「에베소서」5장 22~33절

자녀의 바른 인성과 올바른 성장을 원한다면 부부간 건강한 관계가 우선시되어야 한다. 자녀는 이러한 부모의 모습을 보고 자라는 연한 '순順'과 같다.

5

가정 형태별
자녀의 현재와 미래

표창원이라는 범죄심리학 교수가 있다. 그의 인터뷰 기사 가운데 '환경이 사람을 지배하게 되고 그렇게 달라진 환경으로 인해 그 사람의 사고방식, 그 사람의 미래를 결정짓는다'는 내용이 있다. 그는 신창원이라는 범죄자를 조사하는 과정에서 악질 범죄자의 과거 어린 시절에 주목했다. 신창원의 어린 시절은 불행의 연속이었다. 학교에 납부해야 할 돈을 내지 못하자 선생님은 공개적으로 그에게 수치심을 줬다. 그때 생긴 트라우마는 점점 더 그를 악마로 키워 갔다. 도둑질을 하게 된 걸 알게 된 그의 아버지는 아들로부터 어떠한 변명도 듣지 않고 매몰차게 경찰서로 끌고 가 소년원에 직접 집어넣었다고 한다. 엄마는 없고, 선생님은 욕하고, 아빠는 소년원의 꼬리표를 평생 달고 다니게 하고……. 이것이 그의 성장 과정이고, 가정환경이었다.

만약 선생님께 욕을 먹었어도 그것을 위로하고 안아 줄 가족이 있었다면, 도둑질을 해서 죗값을 받을지언정 다시 돌아갈 따뜻한 부모가 있었더라면 성인이 되어 끔찍한 범죄자가 되지 않았을지도 모른다. 물론 이런 이야기로 범죄자를 두둔하려는 게 아니다. 다만 사람들은 상당 부분 환경에 의해 지배받고 있다는 점을 지적한 것이다.

강의 중에 하는 간단한 활동이 있다. 큰 사각형 하나를 그려 놓은 종이를 한 장씩 나눠 준다. 그리고 그 사각형을 자신의 가정이라고 생각하고 가족들이 각각 어디에 위치해 있는지 그려 보는 활동이다. 그중 비슷하게 나오는 다섯 가지 가정 형태가 있다.

지시하고 명령하는 독재형 가정

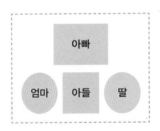

첫 번째는 독재형(순종형) 가정이다. 이 가정에서는 자녀를 두려움과 강압으로 지시하고 움직이게 한다. 앞에서 언급한 부부 형태 중 전통적 부부 형태에서 나타나는 모습이다. 가장 위에 위치한 아버지는 공격적이거나 명령적인 양육 형태를 보일 수 있다. 자녀와 대화를 하기보다는 무조건적 강압과 복종을 요구한다. 명령에 따르지 않으면 폭언과 폭행을 하게 될 수도 있다. 그로 인해 자녀들은 반항심이 생겨 가정에 잘 적응하지 못하게 된다. 강압적이고 억압·지시적 태도는 자녀를 당장에는 순종하게 할 수 있지만 사춘기가 되고 성인이 되면서 문제가 더 심각해질 수 있다. 예를 들어 기질적으로 내성적인 유형의 아이라면 늘 위축되어 있거나 눈치를 본다. 점점 더 내성적으로 성장하고 내적 스트레스가 쌓여 돌발 행동을 보이기도 한다. 만약 외향적 기질을 타고난 자녀라면 갈등이나 문제 발생 시에 반항적으로 변하고 지나치게 경쟁적·적대적인 사람으로 성장한다.

독재형 가정에서 자란 친구가 있다. 결혼해서 아이 둘을 낳고 살고 있다. 사회적으로 보면 큰 어려움 없이 번듯한 가정을 이루고 잘 사는 듯 보인다. 그의 아버지는 자수성가해서 사회적으로는 덕망받는 자리에 있었고, 어머니는 인자했다. 그런데 그는 어릴 때부터 아버지가 지시하는 대로 모든 것을 수용하고 행동했다. 그의 아버지는 해결사 같이 모든 걸 다 해결해 줄 수 있는 능력자이다. 그 친구는 대학도, 군대도, 직장도 심지어는 결혼도 아버지 의견을 따랐다. 소심한 반항을 해 보기도 했지만 이내 강한 아버지의 성향으로 인해 꼬리를 내렸다. 이런 가정에서 자란 아이들은 학교에서 어떤 선생님이냐에 따라 말을 듣고, 듣지 않고를 선택한다. 무서운 선생님 앞에서는 얌전한 고양이가 되지만 온순한 선생님한테는 막무가내다. 즉, 강자한테 약하고 약자한테 강한 모습이 연출된다.

무관심하고 흩어진 방치형 가정

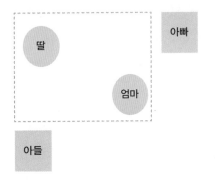

두 번째는 무관심한 방치형 가정 형태다. 그림에서 보듯이 모든 가족이 뿔뿔이 흩어져 있다. 가정 안에서도 거리를 두고 다른 구성원은 가정 안으로 들어오지 않는 형태다. 무관심한 가정은 자녀를 돌보지 않고 버려둔 자식처럼 취급한다. 이들은 부모의 사랑과 관심을 받지 못해 생긴 결핍으로 인해 여러 문제를 일으키게 된다. 이런 가정은 보통 부부 관계의 어려움으로 부모가 가정을 떠나 있거나 다른 일에 몰두해 있어서 자녀의 성장 발달에 관심을 가져 주지 못한 경우가 많다.

주부 대상 아침 방송에서 '다이어트 프로젝트'를 실시해 선발된 주부 참가자의 일상이 방송된 적이 있다. 그중 한 명의 참가자 일상에 이목이 집중됐다. 그녀는 남편의 출근과 동시에 다시 누워 오후까지 잠을 잔다. 세 살배기 어린 자녀의 식사도 챙겨 주지 않아 아이는 엄마가 사다 놓은 과자로 허기를 때우며 혼자 시간을 보냈다. 아이도 이 일상이 익숙한 듯 자연스럽다. 거의 방치 상태였다. 나는 보는 내

내 화가 났다. 당장은 이 아이에게서 특별한 문제가 보이지 않겠지만 성장하면서 다를 것이다. 엄마로부터 결핍된 애정 욕구가 성인이 된 후에도 비정상적으로 나타날 수 있다. 예를 들어 결혼 생활 가운데 가정에 문제가 없음에도 새로운 이성에 호감을 가지고 바람을 피운다거나 비정상적 관계를 요구할 수도 있다. 그들은 만족을 모른다. 이성에게서 모성애, 부성애만 느끼면 금방 사랑에 빠져 버리는 것도 비슷한 측면이다. 평상시 모습을 보면 자신감이 없어 보이다가도 오히려 지나치다 싶을 때도 있다.

방치형 가정에서 자란 자녀들을 만난 적이 있다. 부부는 맞벌이를 하고 아버지는 얼굴 보기가 힘든 가정이었다. 아버지는 그나마 주말이면 잠을 자거나 게임에만 몰두했다. 자녀들이 사춘기가 되니 엄마는 자녀 셋을 돌보기가 힘에 부친다. 뾰족하게 날선 사춘기 자녀들을 접하고 나서야 부부는 문제의 심각성을 깨달았다. 하지만 이미 아이들은 부모의 말을 들으려 하지 않는다. 오히려 무슨 상관이냐며 신경 쓰지 말라고 말한다. 어릴 때는 관심도 없다가 왜 갑자기 관심 있는 시늉을 하는지 모르겠다며 의아해하기도 한다. 부모의 관심에 어색하고 불편해한다. 이런 경우 관심을 간섭으로 느끼고 갈등은 더 심각해지기 마련이다.

과잉보호가 지나친 방관형 가정

　세 번째는 방관형(자유형) 가정 형태다. 방관형 가정은 지나치게 자유분방하여 한계를 정해 주지 않는다. 부모보다 자녀가 더 큰 자리를 차지하고 우선권을 가진다. 과잉보호의 지나친 모습이다. 아이가 식당에서 고성으로 떠들고 뛰어다녀도 말리지 않는다. 어른에게 함부로 굴어도 야단치지 않는다. 항상 우리 아이가 우선이다. 이렇게 아이들이 잘못된 행동을 해도 애지중지 소중한 내 새끼 기죽이면 안 된다며 그대로 두는 것은 자녀의 발달에 큰 걸림돌이 된다. 청소년 시기에 반항적인 모습을 보이기도 하고, 선생님 훈육에 대들고 부모를 위협하는 행위도 서슴없이 할 수 있다. 성인이 되어서도 자기 뜻대로 되지 않으면 통제력을 상실하여 분노 조절이 어렵거나 격한 반응을 보이기도 한다. 이대로 성장하여 회사라는 조금 더 큰 사회에 속하게 되면 순조롭지 않은 대인관계로 갈등을 겪거나, 적응하지 못한다. 철이 없어서 그렇다고 하기에는 지나친 경우들이 많다.

　한 교육 채널에서 만 4세 아이들을 대상으로 실험을 했다. 선생님이 들어오기 전까지 동그라미가 가지런히 그려진 종이에 색칠을 하는 미션이 주어진다. 실험 장소에는 아이들을 현혹할 만한 과자, 장난감, 놀이 기구들이 펼쳐져 있다. 그리고 부모에게는 자녀 곁에서 아이가 미션을 잘 마칠 수 있도록 지켜보라고 한다. 이 실험의 실제 목적은 아이들이 미션을 수행할 때 부모의 태도를 관찰하는 것이다. 처음에는 아이들 대부분이 선생님과 약속을 지키기 위해 고사리 같은 손끝에 빨강, 초록 색연필을 바꿔 가며 순조롭게 시작한다. 하지만 이내 지루한 듯 엉덩이를 부비며 뒤에 있는 아빠나 엄마에게 코끝을 찡긋하며 곁눈질로 싫다는 표시를 내기도 한다. 어떤 아이는 노골적으로 "하기 싫어" 하고 말한다. 한 여자아이는 몸을 배배 꼬며 하던 걸 멈추고 멍하니 있는 경우도 있다. 이때 부모들은 어떤 반응을 보일까. 처음에는 아이들이 힘들어하는 것을 공감하는 듯하다. 여기까지는 좋다. 그 다음 몇 가지 반응으로 나뉜다. 한 가지는 '그래도 해야 한다'는 강압적인 태도로 바뀌는 부모, '그래, 그럼 하지 마' 하고 자녀가 포기하도록 용인하는 부모도 있다. 또 다른 부모는 힘든 것을 인정하고 옆에서 끝까지 격려하며 미션을 완성할 수 있도록 지지하는 부모이다.

사례 1

아이: 너무 힘들게 하는 거 같아.

아빠: 힘들지? 재미없지?

아이: 이거 다 하면 나 힘들 텐데.

아빠: 힘들면 조금 쉬면서 해.

아이: 아휴, 너무 많아.

아빠: 너무 많지?

아이: 한 개가 너무 많아.

아빠: 너무 많지. 재미도 좀 없지.

사례 1에서의 아빠는 과제에 충실하지 못하는 아이를 그냥 지켜보기만 했다. 과제 결과는 자신의 심술이 그대로 표현된 듯 온통 막무가내로 색이 칠해져 있었다.

아빠: 다 칠하고 무슨 놀이할까?

아이: 그러면 이거 하자, 이거 하자.

아빠: 보고 싶어? 만지고 싶어? 근데 아까 약속했는데……. 그래도 만지고 싶어?

아이: 아니.

아빠: 어? 아니야? (잠시 생각한 후) 혁준아! 만지고 싶으면 만져도 돼.

아이: ?

사례 2에서는 규칙을 깨도 된다는 아빠의 말에 아이는 눈이 휘둥그레지며 더 놀라워한다. 마치 '나 정말 그래도 돼?'라는 의미가 담겨있는 듯하다. 아마 아이 생각에는 안 될 것 같았는데 부모가 허락하는 모습에 의아하다는 표현인 듯하다. 만약 이런 일이 일상에서도 반복이 된다면 어떨까? 정해진 규칙이나 약속을 '상황에 따라 어겨도 되는구나' 하고 생각하게 될지도 모른다. 결국 성인이 되어 사회생활을 하면서 규칙이나 약속을 가볍게 여기게 되고 사회적 규범 안에 속하지 않으려는 반사회성을 보일 수도 있다.

실험에 참가한 만 4세 아이들은 자기 통제 능력을 발달시키는 과도기에 있다. 유혹에 저항하기 힘든 나이다. 만일 적당한 훈육을 하지 않고 모든 유혹을 받아들이면 아이의 자기 통제 능력은 약해질 수밖에 없다. 그렇다면 좋은 부모의 모습은 어떨까? 사례 3을 살펴보자.

사례
3

아이: (사슴 같은 눈망울로 아빠를 말똥말똥 쳐다본다)

아빠: 왜? 다 했어? 어디 보자. 어디 한번 더 해 볼까?

아이: 응.

아빠: 그만할래? 그만하고 싶어?

아이: 응.

아빠: 왜? 힘들어?

아이: 응.

아빠: 그러면 그만하자. 근데 선생님이 아까 선생님 오실 때까지 그리고 있으라고 했잖아. 조금만 있으면 오시거든? 조금만 더 해 보면 어떨까?

아이: ······.

아빠: 싫어? 그럼 어떡하지? 선생님하고 약속했잖아. 그렇지?

아이: 응.

아빠: 조금만 더 해 보고, 선생님 곧 있으면 오시니까 조금만 더 힘내

보자. 알았지?

아이: 응!

사례 3에서의 아빠는 가장 먼저 아이의 힘든 마음을 인정해 주고 규칙을 지킬 수 있도록 격려해 준다. 그 결과 실험에 참가한 아이들 중 가장 많은 과제를 수행했다.

바람직한 양육 태도는 자녀에게 온정적으로 대하면서도 필요한 경우에 적절한 방법으로 통제할 수 있어야 한다. 그래야만 아이가 성장해서 자기를 통제할 수 있는 자기 통제 능력이 생긴다. 이처럼 아이가 성장하는 과정에서 적절한 애정과 훈육을 할 수 있어야 건강한 부모라 할 수 있다.

자녀를 긴장시키는 간섭형 가정

아빠·엄마
아들·딸

네 번째는 간섭형 가정의 형태다. 간섭형 가정은 자녀를 사랑하지만 자녀에 대한 지나친 기대가 자녀의 인격 발달을 저해시키고 자녀는 늘 긴장 상태를 유지하게 된다. 요즘 엄마들을 보면 대단하다. 대부분 직장 생활을 했었고, 학력도 예전에 비하면 대단히 높아졌고 사회적 위치나 지적 수준도 보통이 아니다. 그러다 보니 양육에서도 웬만한 전문가 수준의 정보를 가지고 있다. 문제는 너무 많이 알기에 범하는 오류들이 있다는 사실이다.

친구 집들이 때의 일이다. 그 친구는 두 명의 아들이 있었다. 두명 모두 착하고, 얌전하고, 엄마 말을 잘 따르는 모습에 가정교육을 잘했다고 친구들은 부러워했다. 하지만 친구를 관찰해 보니 꼭 부러워만 할 일은 아니었다. 아이들이 뭔가 시도하려고 하면 그 행동을 시작하기도 전에 친구는 옆에서 이렇게 해야지, 저렇게 해야지 하고 일일이 간섭을 했다. 아이가 혼자 뭔가를 하게 되는 일이 생기면 이내 엄마에게 쪼르르 달려와 "이렇게 하는 거 맞아?"라고 묻는다. 엄마는 '맞다, 틀리다'를 판단해 주고 아이가 미완성한 그 무언가를 엄마의 손으로 완성해 준다. 누가 보면 참 착한고 말 잘 듣는 순둥이 아이의 모습이다.

만약 이 아이가 이렇게 사춘기를 지나, 성인이 된 모습을 상상해 보자. 더 나아가 가정을 이루었을 때를 떠올려 보자. 일일이 엄마에게 허락을 구하고 물어보고 의논하고 결정하고 혼자 할 수 있는 게 아무것도 없을 것이다. 요즘 이런 모습을 흔히 볼 수 있다.

입사 첫날 업무 관련 계약서를 작성하려고 하는데 이렇게 말한다. "잠시만요, 엄마한테 물어보고요, 엄마가 사인은 함부로 하지 말라고 해서요." 부부 싸움 중에 엉엉 울며 "나 우리 엄마한테 다 얘기 할 거야"라고 말하기도 한다. 이런 모습이 이젠 낯설지가 않다.

지인 중에 일류 대학인 S대 행정실에 17년째 근무를 하는 분이 있다. 업무의 대부분은 학생들과 이루어지는데 요즘 아이들을 대하기가 정말 어렵다고 한숨을 쉰다. 하루는 한 학생이 제출해야 하는 서류를 지속적으로 미제출해서 속을 태웠다고 한다. 마지못해 그 학생에게 전화를 했더니, 매우 귀찮은 듯한 음성으로 "아이, 저한테 전화하지 마세요. 엄마한테 전화하세요" 하며 툭 끊어 버렸다는 것이다. 서류가 급한 나머지 어머니에게 전화를 했더니, 한껏 격양된 음성으로 "왜 애한테 전화를 해요. 애 신경 쓰이게. 앞으로 저한테 말씀하세요"라고 하더란다. 만약 이 아이가 일류 대학을 졸업하여 우리 사회가 선망하는 직업과 안정적 삶을 누린다고 한들 그의 미래는 어떨까? 또 그가 구성하게 될 가족, 속하게 될 조직, 더 나아가 우리나라 지도층으로 성장한다면 국가는 어떻게 될까? 엄마라는 이름으로 내 자녀를 노예로 여기지 않았으면 좋겠다.

가정 경영에서는 엄마가 사장이다. 우리 자녀는 신입사원으로 태어나 주임, 대리, 과장 순으로 진급하듯 초등학교, 중학교, 고등학교로 진학한다. 기업에서는 주임은 주임으로서의 역량 또 대리, 과장, 차장 역량으로 점점 더 키워 나간다. 자녀의 성장 과정도 마찬가지다.

기업이 발전하면서 탄탄하게 계열사를 늘려 나가듯 우리 자녀들도 탄탄한 계열사 사장을 만들기 위해 자주적으로 독립적인 역량을 키워 나가야 한다. 언제까지 사장이 모든 일을 도맡아서 할 수는 없다. 그건 삼류 사장이다. 직원의 잠재된 역량을 발견하고 개발시켜 주는 일류 사장이 곧 엄마의 역할이다.

적당한 서열과 존중의 건강한 가정

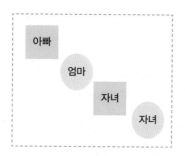

마지막으로 건강한 가정 형태다. 건강한 가정은 도형에서처럼 아버지와 어머니가 각자의 역할을 가지고 자녀들 간에 서열이 존재하지만 서로를 인정하고 존중하며 대화가 오갈 수 있는 환경이다. 건강한 가정에서 자라난 자녀는 감성 능력이 높다. 감성 능력은 어떻게 만들어지는 것일까? 일반적으로 '정서'라는 단어는 긍정적으로 쓰이기도 하고 부정적으로 쓰이기도 한다. 예를 들어 "너는 참 정서가 안정되었구나" 또는 "너는 정서 불안이니? 왜 이래?"라고 말한다. 여기서 '정서'란 어떤 상황이나 장면에 당면했을 때 발생하는 생리적 변화를 포함한 복합적 상태를 말한다. 부모가 이혼한 초등학교 3학년 아이가 있었다. 부모로 인한 스트레스로 수업 중에 바지에 소변을 봤다. 그 수치심으로 며칠간 학교를 가지 않았다고 한다. 이것은 불안한 정서로 인해 나타난 모습 가운데 하나이다.

감정은 욕구 또는 본능을 가리키며, 자극에 의하여 느낌이 일어나는 능력이다. 철학적으로는 대상으로부터 감각되어지고 지각되어 표상表象을 얻게 되는 수동적인 능력이다. 그것은 이성에 의해 억제될 수 있다.

예를 들어 바쁜 걸음으로 지하도를 올라가고 있는데 백발의 쪽머리를 한 할머니가 앙상한 발목으로 난간을 잡고 위태롭게 올라가고 있다. 이 모습을 보게 된다면 대부분 안타까운 마음에 '할머니 힘드시겠다. 도와드릴까?' 하는 마음이 든다. 이것을 감정이라고 한다. 어떤 사람은 가던 길을 멈추고 할머니를 돕는가 하면 또 다른 사람은 못 본 척 그냥 지나쳐 버린다. 즉, 감성 능력이란 자신이나 타인의 정서를 통제하고 조절할 수 있는 능력, 감정을 적절하게 인식하고 관리하고 표현하는 능력을 말한다.

앞서 적극적으로 돕는 사람은 감성 능력이 뛰어나다면 후자인 경우는 감성 능력이 부족하다. 감성 능력에 공감력을 더하면 사회생활에서 도덕적으로 책임 있는 행동을 할 수 있는 기반을 마련할 수 있게 된다. 이를테면 불의에 대항할 수 있고 누군가 부당하게 행동할 때도 목소리를 높일 수 있다. 감정을 조절하는 능력과 감성 능력을 두

루 갖췄을 때 상대방의 감정을 상하지 않게 하면서 자신이 화가 나도 그 마음을 제대로 전달할 수 있으며, 또한 상대를 존중하면서 갈등을 해결할 수도 있다.

나는 LA갈비를 먹을 때마다 아직도 생각나는 한 친구가 있다. 초등학교 때 일이다. 그때는 급식이 아니라 각자 도시락을 싸 와서 서로 나눠 먹었다. 하루는 한 친구가 LA갈비라며 보기에도 먹음직스러운 고기를 밥보다 많이 싸 왔다. 친구들이 순식간에 몰려들었고, 나 역시 하나라도 더 먹으려고 입을 바삐 움직였다. 그래서였을까 급체를 하게 되었고, 메슥거리는 속을 느끼기도 전에 그만 교실에서 토하고 말았다. 그 순간 시간이 멈춘 듯했다. "윽, 더러워", "냄새 나", "나도 토하겠다" 하는 소리가 여기저기서 들려왔다. 나는 순간 이동을 해서라도 그 자리에서 벗어나고 싶을 정도로 당황하고 부끄러웠다. 하지만 이미 버려진 옷과 교실 바닥을 보니 이러지도 저러지도 못하는 신세였다. 너무 놀라니 울음도 나오지 않았다. 같은 반 아이들도 나와 같이 얼어붙은 상태였다.

그때 그 차가운 얼음을 깨고 나타난 두 명의 친구는 나에게 구세주와 같았다. 다가와서 내 어깨를 토닥이며 "괜찮아, 괜찮아, 놀라지 마", "다 같이 아영이 도와주자", "그럴 수도 있지. 나도 얼마 전에 체해서 토했어"라며 안절부절못하고 있던 나를 엄마같이 도와주었다. 지금 생각해 보면 나를 도와줬던 친구들은 감성 능력이 뛰어난 아이들이다. 감성 능력이 높은 아이들은 엄마를 위로하고 아빠를 격려하기도 한다. 이들은 따스하고 온화하면서도 바른 것을 알고 실천한다. 즉, 건강한 가정은 가족 구성원이 서로를 이해하고 존중하며, 각자의 생각을 인정할 수 있으며, 서로를 지지하고 응원한다. 이것이 정서를 안정시킬 수 있고 감정을 긍정적 이성으로 컨트롤하며 감성 능력까지도 높일 수 있다.

6

나는 코칭맘이다

어떤 습관을 교정하거나 새로운 습관이 익숙해질 때까지는 많은 시간이 걸린다. '1만 시간의 법칙'이란 말이 있다. 예를 들어 매일 여섯 시간씩 5년간 약 1만 시간을 투자하면 그 분야에 전문가가 될 수 있다는 말이다. 여기서 중요한 점은 무작정 시간만 채우는 게 아니라 신중하게 계획된 연습을 통한 집중 훈련을 해야 한다는 것이다. 세상에 모든 엄마들은 자녀를 위해 많은 것을 시도하고 노력하지만 신중하게 계획된 훈련까지 하는 이들은 드물다. 신중하고 계획된 훈련을 해야 우리가 원하는 건강한 엄마로서 자녀와의 긍정적 관계를 이루고 지혜롭고 현명한 코칭맘이 될 수 있다. 하지만 이런 도전에 엄마들은 선뜻 나서지 못한다. 그 긴 시간을 꾸준히 할 자신이 없기 때문이다. 결국 실패할지도 모르는 자신이 두려운 것이다.

우리 친정 부모님은 15년째 주말 부부다. 매주 일요일은 아버지가 드실 밑반찬을 준비하시느라 어머니는 늘 분주하다. 하루는 아버지가 어머니에게 일침을 가했다. "당신은 40년 가깝게 부엌살림을 하면서 음식 솜씨가 왜 늘지 않는 거야?" 우리 가족 모두가 어머니의 음식 솜씨를 알기에 그 말이 지나치게는 안 들렸다. 긍정적인 어머니도 웃으며 공감하셨다. "그러게요, 생각해 보면 애들 어릴 때 도시락 반찬은 어떻게 싸 줬는지 몰라요"라고 대수롭지 않게 말씀하셨다.

엄마는 1만 시간 이상을 투자했지만 변화가 없었다. 가족을 위해 음식을 하면서 노력과 시도는 하셨지만 '신중하게 계획된 연습'을 해 보지 않은 것이다. 또 새로운 요리를 시도했을 때 맛이 없을지도 모른다는 결과에 대한 두려움으로 도전 자체를 망설이게 된 것이다.

마찬가지로 코칭맘이 되겠다는 생각이 든다면 두렵겠지만 신중하고 계획된 행동과 언어 하나하나에 정성을 다하길 바란다. 생각나는 대로 또는 기분에 따라 이랬다 저랬다 설렁설렁 요리하듯 하지 않았으면 한다.

또 한 가지는 도전에 망설이지 말고 과감해지길 바란다. 1988년 7월, 영국 스코틀랜드 근해 북해 유전에서 석유시추선이 폭발하여 168명의 목숨이 희생된 사고가 발생하였다. 그중 앤디 모칸이란 사람만이 지옥 같은 그곳에서 기적적으로 자신의 목숨을 구할 수 있었다. 엄청난 불기둥과 폭발에 사람들은 속수무책이었다. 모두들 안절

부절못하고 있을 때 그는 차가운 북해도에 몸을 던졌다. 모든 건 불확실했다. 무엇보다 그는 두려웠을 것이다. 하지만 그는 불타는 갑판에 가만히 있는 건 죽음을 기다리는 것과 같다는 사실을 깨달았다. '확실한 죽음'으로부터 '죽게 될지도 모르는' 가능성에 도전한 것이다.

자녀의 변화와 발전을 위해 엄마들은 두렵지만 용기 있는 도전을 해야 한다. 그 도전은 자녀의 중간고사와 기말고사에 뜬눈으로 감시하며 쪽잠을 자는 엄마보다 더 아름다워 보일 수 있다. 실패가 두려워 아무것도 하지 않는 것은 불타는 갑판에서 죽음을 기다리는 것과 다름이 없다.

말문을 막는 마지막 걸림돌 2 - 민감한 아이를 격려하라

아인슈타인을 천재로 만든 것은 격려라고 해도 과언이 아니다. 천재성을 알아볼 수 없었던 선생님은 "이 학생은 무슨 공부를 해도 성공할 가능성이 없습니다"라고 말했다. 하지만 낙담하는 아들을 달래며 엄마는 끊임없이 "아들아, 너는 다른 아이와 다르단다. 너만이 가지고 있는 독특한 능력이 있을 거다"라고 격려했다. 아인슈타인의 천재성을 알아보지 못한 선생님의 가혹한 평가는 어머니에 의해서 격려로 변했고 이러한 격려에 힘입은 아인슈타인은 낙담하지 않고 자기에게 주어진 재능을 발휘할 수 있었다.

코칭맘에게 도전만큼 두려운 것은 자녀의 태도에 대한 민감함이다. 엄마는 노력한다고 하는데 눈에 보이는 자녀의 변화가 없을 때 엄마들은 또 좌절·낙담·실망하게 될지 모른다. 그런 감정이 자녀에게 표현된다면 지금까지 한 노력이 다시 원점으로 돌아가게 된다. 자녀의 실패와 좌절에 필요한 건 엄마의 격려다. 엄마보다 더 좌절·낙담·실망하고 있을 자녀에게 코칭맘의 역할은 다시 도전하고 성취해 나갈 수 있도록 격려해 주는 것이다.

OECD 국가 가운데 낮은 삶의 만족도와 자살률 1위인 대한민국에서 우리 자녀들에게 필요한 건 변화와 발전 이상의 격려이다. 격려란 존중과 배려의 마음으로 지지하고, 칭찬하고, 수용하는 것이다. 자녀에게 용기를 불어넣음으로써 다시 도전할 수 있는 자신감을 줘야 한다.

2014년 경기도의 한 초등학교를 대상으로 한 설문 조사에서 엄마, 아빠가 집 안에서 보이는 행동 가운데 가장 마음에 드는 모습을 꼽으라는 설문에 '매일 가족들에게 인정과 격려 등 좋은 말을 하는 모습'이라고 말한 아이들이 51퍼센트나 되었다. 두 번째가 가족을 자주 안아 주고 눈을 보며 대화하는 엄마, 아빠의 행동으로 18퍼센트를 차지했다. 이처럼 서로를 인정하고 격려하는 모습을 보이면 아이들은 안정감을 느끼고 좋은 성품을 갖춘 성인으로 자랄 수 있다.

만약 자녀가 지난번 시험 결과에 낙담하고 있다고 가정하자. 엄마와 대화를 통해 다시 한 번 도전했지만 또 목표한 결과만큼 나오지 않았다. 자녀가 또다시 용기를 내서 도전하길 바란다면 한숨 대신 다음과 같은 말들로 격려해 주길 바란다.

◇ 나는 네가 언젠가 할 수 있을 거라 믿어.

◇ 힘내, 엄마가 옆에 있잖아.

◇ 엄마는 네가 노력하는 모습이 자랑스럽다.

◇ 자, 한번 보자. 실수는 누구나 할 수 있는 거야.

◇ 넌 분명히 해낼 수 있을 거야.

◇ 엄마는 언제나 네 편이야.

◇ 네가 이걸 해결할 수 있을 거라 생각하지만 도움이 필요하면 엄마한테 말해.

격려를 받고 자란 아이는 실패를 두려워하지 않는 아이로, 도전 정신이 강한 아이로, 또 자기 존중감과 함께 용기 있고, 열등감 없는 아이로 자랄 수 있다.

말문을 막는 마지막 걸림돌 3 – 엄마의 감정을 컨트롤하라

자녀와 대화 가운데 가장 큰 장애 요인은 엄마의 감정 컨트롤이다. 수많은 정보와 지식은 엄마의 이성을 움직이지만 엄마의 감정으로 인해 의도치 않은 언행을 하고 마는 반복을 겪는다. 엄마는 자신의 그런 모습에 속상하다. 몇 번을 다짐하고 다짐해도 또다시 반복되는 감정을 주체하지 못하는 것에 화가 나고, 벌어진 일을 다시 수습해야 하는 상황이 후회스럽다. 자녀의 정리되지 않은 감정이 엄마의 정리되지 않은 감정과 만날 때 결국 한계를 느끼거나 대화를 멈추고 원래의 모습으로 되돌아가게 되는 것도 이런 이유다.

누구나 자신을 괴롭히고 힘들게 하는 생각과 감정에서 자유롭고 싶다. 어떤 엄마들은 자신을 괴물 같다고 표현한다. 아이들이 엄마가 화날 때 모습이 마치 괴물 같다고 했다는 것이다. 그런 자신이 너무 싫다며 눈물로 호소한다. 자신도 그 모습이 싫으면서 막상 비슷한 상황이 되면 반복되는 자기 감정을 바꾸기가 쉽지 않다.

프로 코치가 되기 전에 꼭 해야 하는 과정이 자기 마음공부다. 코치 자신의 마음이 뿌옇고 시커먼 감정과 생각으로 차 있는데 어떻게 다른 사람의 내면세계에 잠재된 역량을 끌어올려 줄 수 있을까? 마찬가지로 엄마도 프로 엄마가 되길 원한다면 엄마부터 바로 서는 자기 공부가 필요하다.

물론 이 책은 코칭을 처음 접하는 엄마들을 위해 준비했다. 그러기에 코칭의 심층적인 부분까지는 다루지 않았다. 우리 자녀들의 사춘기가 오기 전에 엄마들이 코칭 대화를 할 수 있는 분위기, 자녀가 청소년이 되고 성인이 되었을 때 "엄마! 고민이 있어요"라고 선뜻 대화를 청할 수 있는 환경을 만들자는 게 이 책의 목적이다. 그러기에 이 시점에서 엄마들은 자기 공부가 필요하다. 앞에서 배운 코칭적 대화 훈련과 함께 병행해야 하는 부분이다. 자기 공부는 엄마의 내면 정리를 통해 엄마의 진정한 평화와 자유로움을 추구하는 과정이다. 엄마가 자녀의 어떤 모습이 불편하다고 생각하고 있는데 대화를 한다면 그 대화 결과는 결코 긍정적일 수 없다. 또한 자녀 역시 엄마가 불편해하고 있는 것이 느껴져 제대로 자신의 의견을 펼칠 수 없다.

　나도 지금까지 자기 공부를 해 오고 있다. 학원을 다니거나 교육과정이 있는 것이 아니기에 쉬운 일은 아니다. 자기 공부는 혼자서 묻고 답하는 셀프 코칭을 하면서 실마리를 찾아가는 방식이다. 각자의 내면에는 과거 가족에 대한, 부모에 대한 부정적 생각, 그 외 복잡한 내면의 생각과 가치가 자리 잡고 있다. 성인이 되어서도 그 부정적 생각은 오랜 기간 이어진다. 나는 성인이 된 후에도 부모님과 대화하다가 어릴 때 들었던 비슷한 말이나 행동이 나오면 과도한 반응을 보이곤 했다. 그 모습만을 봤을 때 나는 참 나쁘고 예민한 사람으로 비춰졌을지 모른다. 지금까지도 자기 공부를 통해 부정적으로 인식되었던 내면을 바꾸는 데 애쓰고 있다. 그 노력은 내 행동과 말로 나타난다. 주변에서는 그 모습을 '철들었다'라고 하는데 그저 나의 내면 대화(셀프 코칭)와 자기 공부를 통해 변화되어 가는 모습이라고 생각한다.

　엄마들도 자신의 복잡한 내면이 정리되고 바로 세워지면 새로 태어나게 되는 기쁨을 얻게 된다. 이후 자녀를 바라보는 시선은 바뀌고 아이가 처음 내 배 속에서 나왔을 때 느낀 순수함으로 되돌아가 '감사'를 절로 외칠 수 있는 경험을 할 수 있다.

완전한 삶? 혹은 행복한 삶?

코칭! 코칭은 자녀의 잠재력을 이끌어 성장과 발전을 위한 과정이라는 것을 지금까지 봐 왔다. 독자들은 자녀의 무궁무진한 우주와 같은 잠재된 내면을 이끌어 지금보다 더 나은 변화를 이뤄 내길 기대하며 한 장, 한 장 책장을 넘겼을 것이다. 나 또한 우리 엄마들이 코칭 마인드와 코칭적 대화를 통해 좀 더 지혜로운 엄마, 좀 더 좋은 가정, 좀 더 살기 좋은 사회와 미래를 꿈꾸며 이 책을 써 내려갔다. 오늘은 어제의 열매이며 내일의 씨앗이란 말이 있다. 오늘보다 더 나은 내일을 꿈꾸는 우리는 진정 무엇을 목적으로 이런 노력과 열성을 보이는 걸까? 어느 누구에게 묻든 공통된 대답은 '행복'이다. 우리가 태어나 지금까지 행하는 모든 것은 '행복한 삶'을 위함이 기반이다. 그런데 우리는 종종 행복한 삶이 아닌 완전한 삶만을 꿈꾸며 사는 사람들 같다. 잠시 눈을 감고 다음 질문을 생각해 보자.

"삶에서 완전한 인생을 위해 필요한 것과 버려야 할 것은 무엇인가?"

위 질문에 대한 생각이 정리되었다면 다음 질문에 대해 생각해 보자.

"행복한 삶을 위해 필요한 것과 버려야 할 것은 무엇인가?"

완전한 삶을 위한 질문에는 조건적인 대답이 대부분 나온다. 필요한 것은 좋은 집, 학벌, 직업, 돈, 자동차, 배우자, 자녀 등이라면 버려야 할 것은 게으른 생활, 게임하는 시간 등이다. 그런데 두 번째 행복한 삶을 위한 질문에서는 조건이 아닌 추상적인 단어들이 많이 나온다. 예를 들어 행복한 삶을 위해 필요한 것에는 배려, 사랑, 인내, 이해, 존중 등이라면 버려야 할 것은 욕심, 탐욕, 시기, 질투 등이다.

그럼 다시 한 번 묻고 싶다. "당신은 완전한 삶을 추구하는가? 행복한 삶을 추구하는가?"

물론 완전한 삶은 잘못된 것이고 행복한 삶이 좋은 것이다, 라고 나누고자 하는 게 아니다. 또 완전한 삶을 위해 노력하는 우리들이 잘못되었다고 말하는 것은 더욱더 아니다. 단지 완전한 삶의 궁극적 목적은 '행복'이라는 걸 잊지 말라는 것이다.

코칭을 통한 변화와 발전 역시도 삶의 만족도를 높이며 행복을 추구하고자 하는 것이 궁극적 목적이다. 그런데 완전한 삶만 꿈꾸다 보면 잘못된 선택이나 태도가 나오는 경우도 있다. 예를 들어 엄마가 생각하는 일곱 살 된 우리 딸의 완전한 모습은 이미 한글을 떼고, 일상에서 기본 영어 회화가 가능하며, 구구단은 9단까지 외울 수 있는 정도여야 한다고 가정하자. 만약 그 자녀가 엄마의 생각에 맞지 않는다면 엄마는 완전한 자녀를 위해 학원을 더 보낸다던지 과외를 시킨다던지 해서 아이의 생각이나 마음과 상관없이 결국 엄마가 생각하는 완전한 모습으로 만든다. 그리고 만족감을 느낀다. 하지만 그것도 잠시, 엄마는 또다시 업그레이드된 완전한 자녀의 모습을 위해 또 같은 방법으로 자녀를 갖춰 나간다. 이 아이는 여타 아이들에 비해 월등하고 우월한 모습으로 앞서 나갈 수는 있다. 하지만 여기서 간과해서는 안 되는 것이 하나 있다. 이것을 과연 자녀도 원하고 즐거워하며 행복해하느냐는 점이다. 이런 반복은 결국 우리 자녀를 원치 않은 대학에 보내고, 원치 않는 결혼을 시키고, 원치 않은 일을 시키며 이른바 완전한 삶의 퍼즐을 하나씩 맞춰 나가게 한다. 이런 식으로 자녀의 완전한 삶을 추구하는 것이 엄마 자신의 행복이 되어 잘못된 선택들을 하게 된다.

물론 지금까지 말한 것은 극단적인 상황을 말한 것인지도 모른다. 완전한 삶만을 추구한다면 목표를 획득하게 된 그 순간 쾌감이나 만족감을 얻을 수도 있다. 하지만 그것 역시 얼마 지나지 않아 곧 사라져 버린다. 우리가 완전한 삶만을 위해 지속해서 새로운 것을 소유할 방법을 찾는다는 건 일시적인 감정이다. 그래서 늘 무언가를 갈급해하는 부족함을 느끼는 상태가 된다. 그로 인해 우리는 행복이 늘 옆에 있는데도 행복을 찾아 헤매는 어리석은 상황에 계속 머물러 있게 된다.

나는 괜찮고, 너는 괜찮지 않아

모 초등학교 학부모 연수 때 일이다. 강의를 끝내고, 가방을 정리할 즈음 네댓 명의 엄마가 나를 둘러쌌다. 다들 고민 하나씩은 쏟아내고 싶은 눈빛으로 서로 눈치를 본다. 그중 한 엄마가 손을 꼭 움켜쥐며 고민을 말한다. "원장님, 우리 아들은 내성적인 성향이라 그런지 통 운동을 안 하려 해요. 원장님 말대로라면 아이의 의견을 존중하고 공감해 주라고 하셨는데, 저는 애가 건강하지 못하고 살만 찔까봐 걱정되는데 어떻게 해요?" 지금까지는 억지로 태권도 학원을 보냈는데 얼마 전 일기장을 보니 태권도 가는 시간이 너무 싫다는 내용을 보고 엄마도 갈등 중이라고 했다. 엄마의 마음이 짠하게 전달되었다. 다음 스케줄로 이동해야 하는 상황이라 짧은 질문으로 대변했다. "어머니, 혹시 어머니는 어떤 운동을 하고 계신가요?" 어머니는 배시시 웃는다. 그녀의 겸연쩍은 표정은 대답을 대신 하는 듯했다. 보통 엄마가 하지 않는 것은 괜찮고 자녀는 괜찮지 않은 일들이 많다. 예를 들어 엄마는 생전 책을 보지 않으면서 아이에게는 전집을 사 놓고 안 본다고 야단친다. 아빠는 종일 스마트폰으로 게임을 하면서 자녀가 게임을 오래 하면 야단친다. 부모는 과격하게 다투면서 자녀들이 싸우면 크게 혼낸다. '나는 괜찮고, 너는 괜찮지 않아'라는 논리는 옳지 않다.

여기서도 운동이 중요한 것을 알면서도 하고 있지 않은 엄마나 자녀의 마음은 비슷하다. 자녀를 사랑한다면 엄마부터 행동하고 보여 줘야 한다. 아이가 책을 읽기 바란다면 가족들이 저녁마다 책 보는 시간을 만들면 된다. 게임을 줄이기 바란다면 그 시간에 더 즐거운 것을 함께하면 된다. 자녀가 다투는 것이 싫다면 부부가 사이좋게 대화로 문제를 풀어 가는 모습을 보여 주면 된다. 이런 말에 혹시 "알죠, 그런데 그게 어디 말처럼 쉽나요?"라고 말하고 싶을 수도 있다. 그렇다. 우리도 어려운 것을 우리는 우리 자녀에게 너무나 가혹하게 강요하고 쉽게 바뀌지 않으면 더 강한 압력을 가하고 있다.

어머니께 한 가지 더 질문했다. "그럼 내일부터 무엇을 시작하셔야 겠어요?" 어머니는 잠시 망설이는 눈치였지만 이내 말했다. "집 가까운 강변에서 산책부터 시작해 볼게요." 꾸준한 엄마의 실천은 자녀를 변화시킬 수 있다. 그러다 자연스럽게 "오늘은 엄마랑 같이 산책할까?" 하며 권유해 보는 거다. 산책할 때 엄마가 즐거워하는 모습, 또 산책하면서 느끼는 좋은 감정을 공유하면서 운동이 즐겁다는 것을 느끼게 하면 된다. 물론 이미 사춘기에 접어든 자녀들에게는 어려울 수도 있다. 하지만 무엇이든 엄마가 열심히 하는 모습은 자녀가 강한 실행력을 갖도록 도움을 줄 수 있다.

엄마는 앞서지 않고 언제나 뒤에 있다

하루 일과를 끝내고 피곤에 지쳐 곯아떨어진 남편, 종일 뺀질대며 말을 안 들어 내 목청을 틔워 준 우리 아이들. 이들은 여자인 나를 그들의 아내, 엄마로 만들어 준 사람들이다. 사랑하는 가족을 위해 끊임없이 노력해도 항상 부족하고 목마르다. 그들의 행복이 나의 행복이고, 그들의 아픔이 곧 나의 아픔이다. 그렇게 울고 웃으며 매일을 살아간다. 지금 이 순간 또 다른 발전을 기대하며 한 계단 오르려 여기에 있다. 그들에게 내가 엄마이고 아내이기에 나는 그 계단을 올라야 한다. 물론 지금까지처럼 쉽지 않을 것이다. 포기하고 싶을 때도 있고 내 성질을 못 이겨 원점으로 되돌아가는 일도 부지기수일지 모른다. 코칭맘이 곧 완벽한 엄마는 아니다. 또 가족 역시 완벽한 엄마를 원하지 않는다. 그저 동행해 주고 손잡아 주고 지켜봐 주는 엄마를 원한다. 아이가 아주 어릴 때 치던 장난이 생각난다. 앉아 있다 뒤로 그냥 벌러덩 누워 버린다. 물론 뒤에는 내가 손을 받치고 있다. 한두 번 받쳐 주니 재미가 있는 모양인지 뒤돌아보지도 않고 자신의 뒤통수를 바닥을 향해 내던진다. 아마 엄마인 나에 대한 확고한 믿음이 있기에 가능한 일일 것이다.

가족이 가족일 수 있는 것은 무조건적인 신뢰감이 있기 때문이다. 세상이 손가락질해도 부모만큼은, 내가 사랑하는 사람들만큼은 자신을 믿어 준다면 살아갈 수 있다. 유명인들이 사건 사고로 어려움을 겪고 일어난 후 인터뷰를 보면 그 긴 터널 속 어둠을 극복할 수 있었던 원동력은 가족이나 종교였음을 고백한다. 그런 무조건적인 신뢰, 그것은 자녀에게 앞으로 펼쳐질 미래에 거친 폭풍우를 만나게 됐을 때, 현명하고 지혜롭게 거뜬히 일어날 수 있는 아주 강력한 힘이 된다.

우리는 가끔 자녀를 나의 소유물로 생각할 때가 있다. 물론 성인이 되기 전까지는 내가 돌봐야 하는 존재이기에 부모로서 역할을 다하는 건 당연하겠지만, 아이는 물건과 같이 소유할 수 있는 것이 아니다.

여섯 살 아이가 책상에서 한글 공부를 하고 있다. 엄마는 일관된 톤으로 아이에게 책 읽기를 강요한다. 아이는 읽기 싫다고 고집을 피운다. 엄마는 아랑곳하지 않고 강압적인 어투로 아이에게 명령한다. 아이 역시 온몸을 꼬며 내일 읽겠다고 강하게 대응한다. 이 상황에 아이가 엄마의 기에 눌려 억지로 책을 읽게 된다면, 엄마의 목적은 달성된다. 하지만 아이는 엄마로부터 자신의 의사를 존중받지 못한 좌절감을 느끼게 된다. 그 감정은 자기 몸 어딘가에 각인되어 또 다른 방식으로 표현될지도 모른다. 최소한 아이가 읽기 싫어하는 이유를 묻는다거나, 마음을 헤아려 주는 정도가 이루어져야 한다. 그런 시도가 부모로서의 역할이고 자녀를 존중하는 실천인 것이다.

아이들도 생각과 가치관이 있고 어느 정도 성장해서는 판단과 결정을 할 수 있다. 그것을 믿고 따라 주는 것이 자녀를 존중하는 것이다. 그렇기에 자녀의 생각을 묻고 허락을 구하는 것이 더 이상 어색한 일이 되어서는 안 된다. 부모의 일방적인 요구가 아니라 자녀의 의견을 듣고 수용하고 존중해야 한다. 자녀가 부모로부터 존중받을 때, 엄마도 또 성인이 된 자녀도 어딘가에서 존중받는 사람으로 또 존중하는 사람으로 성장할 수 있다.

우리는 일상에서 수없이 많은 일로 자극과 반응을 주고받으며 살아간다. 내가 원하던 원하지 않던 늘 문제는 발생한다. 지금까지는 자극이 다가오면 바로 맞부딪혀 스파크를 일으키는 반응을 하며 살아왔다면, 오늘부터는 자극과 반응 사이에 쿠션을 하나 갖다 대어 보길 권한다. 무릎뼈와 무릎뼈 사이에는 연골이 있다. 연골은 관절이 받는 충격과 압력을 흡수하여 무릎이 움직일 때마다 관절을 부드럽게 움직일 수 있도록 돕는다. 이 연골과 같은 역할을 우리 삶에서도 적용한다면 지금보다 더 나은 삶을 기대할 수 있다.

나 역시 이 부분이 가장 어렵다. 나는 소통 전문 강사로 활동해 왔기에 소통을 가장 잘 알고 행해야 하는 사람임에도, 감정과 타고난 기질이라는 부분에서 좌절했던 때가 한두 번이 아니다. 하지만 다른 방법이 없다. 실패율보다 성공률을 높이기 위해 계속 반복하는 방법밖에는.

오늘도 한 발짝씩 나아가고 있다. 그렇게 가다가 사방이 막힌 벽을 만날 때도 있다. 그때는 주문까지 외어 본다. '~구나', '~겠지', '감사'라고. 이렇게 3번 정도 읊조리면 한결 마음이 편안해진다. 물론 이 방법은 내 방법이다. 각자의 비밀 병기 하나씩을 만들어 적재적소에 활용하면 된다.

'나는 코칭맘이다.' 출산과 동시에 나에게 늘 다짐한 말이다. 마지막 장을 읽고 있는 당신도 지금부터 이 말을 새기며 엄마와 자녀가 함께 건강하고 행복한 아침을 맞이하기 바란다.

당신은 코칭맘일까요? 티칭맘일까요?

코칭맘 자가 테스트

1. 나는 아이의 이야기를 가급적 끝까지 듣는다.	예□ 아니오□
2. 나는 아이의 일과나 행동을 잘 관찰한다.	예□ 아니오□
3. 대화 시 아이가 더 많은 말을 한다.	예□ 아니오□
4. 아이가 말하는 중간에 끊지 않는다.	예□ 아니오□
5. 아이의 감정을 잘 헤아려 주는 편이다.	예□ 아니오□
6. 아이가 질문할 때 답을 내려 주기보다 함께 생각해 본다.	예□ 아니오□
7. 나는 아이의 행동이나 기분 등 자녀에 대해 자주 말해 준다.	예□ 아니오□

8. 아이와 대화 중 다른 의견일 경우 서로의 생각을 잘 공유하려고 노력하는 편이다.	예☐ 아니오☐
9. 나는 아이의 행동이나 선택을 신뢰한다.	예☐ 아니오☐
10. 내가 원하는 방식이나 방향이 아니어도 참고 기다린다.	예☐ 아니오☐
11. 아이와의 약속을 잘 지키는 편이다.	예☐ 아니오☐
12. 아이와의 약속을 어겼을 경우 사과와 함께 이유를 설명한다.	예☐ 아니오☐
13. 닫힌 질문보다 열린 질문을 많이 하려고 노력한다.	예☐ 아니오☐
14. 자녀에게 모범이 되려고 노력한다.	예☐ 아니오☐
15. 평소에 아이의 생각이나 아이디어, 의견 등을 자주 묻는 편이다.	예☐ 아니오☐
16. 아이에게 인정, 지지, 칭찬하는 말을 자주 하는 편이다.	예☐ 아니오☐
17. 아이가 잘못한 경우 감정이 앞서기보다 개선 사항을 찾으려 노력하는 편이다.	예☐ 아니오☐
18. 아이가 거리낌없이 자신의 속 이야기를 잘 털어놓는 편이다.	예☐ 아니오☐
19. 아이와 갈등 시 내 감정이 앞서기보다 나의 마음이나 상태를 잘 전달하는 편이다.	예☐ 아니오☐
20. 지시나 명령보다는 협조나 동의를 구하는 편이다.	예☐ 아니오☐
21. 나는 아이가 올바른 길을 선택할 것이라는 믿음이 있다.	예☐ 아니오☐
22. 나는 아이의 생각과 가치, 진로 등의 결정을 존중한다.	예☐ 아니오☐
23. 아이가 어떠한 의견을 냈을 때 가급적 긍정적인 검토를 한다.	예☐ 아니오☐

24. 나와 대화를 할 때 아이의 감정이 긍정적으로 변화는 걸 느낀다.	예☐ 아니오☐
25. 해결해야 할 일이 있을 때 직접 해결해 주기보다 방법을 찾도록 독려한다.	예☐ 아니오☐
26. 나는 엄마로서 자신의 긍정적 변화를 위해 노력한다.	예☐ 아니오☐
27. 아이에게 해결할 문제가 있을 때 자녀의 의견이나 생각을 최대한 반영하고자 한다.	예☐ 아니오☐
28. 아이가 목표치에 도달하지 못해도 비난보다는 격려를 우선한다.	예☐ 아니오☐
29. 아이가 이야기할 때 가급적이면 하던 일을 멈추고 집중해서 듣는 편이다.	예☐ 아니오☐
30. 아이의 이야기를 들을 때 개인적 판단보다는 아이의 입장에서 공감하려는 편이다.	예☐ 아니오☐

예의 개수

30~24개: 코칭맘으로서 충분한 자격이 있으시네요.

23~18개: 조금 더 노력하면 코칭맘으로 거듭날 수 있겠네요.

17~12개: 조금 더 분발하셔야겠어요.

11개 미만: 많은 노력을 하셔야 합니다.

자녀 코칭에서 기억해야 할 16가지 원칙

1. 코칭 철학에 입각해야 한다.

◇ 자녀는 무한한 가능성을 가지고 있다.

◇ 자녀는 해답을 스스로 가지고 있다.

◇ 부모는 함께 해답을 찾아 주는 동반자이다.

코칭 철학은 자녀를 양육하고 성장하여 성인이 되어서까지도 신념과 같이 새겨야 한다. 코칭 대화를 시도하다가도 실패로 끝나는 이유 가운데 하나가 코칭 철학에 기반하지 않기 때문이다. 말로는 긍정을 말하면서 늘 마음 한구석에는 자녀에 대한 불신, 불안, 부정의 감정을 가지고 있다면 코칭 대화를 시도하더라도 실패로 끝나기 쉽다.

2. 부모는 자녀의 롤 모델이 되어야 한다.

본문 중에 자녀가 운동하기를 바라는 마음을 가지고 있는데 정작 자녀는 엄마의 말을 듣지 않는 사례가 나온다. 코칭맘이 되어 자녀의 바른 성장을 바란다면 엄마의 변화가 우선되어야 한다. 자녀를 운동하게 하고 싶다면 엄마가 운동하는 모습을 먼저 보여 주는 것이 필요하다.

3. 자녀와 라포는 현실성과 진정성이 중요하며 대화 내내 유지, 관리되어야 한다.

라포란 신뢰와 친근감으로 이루어지는 인간관계로서 지속적인 공감대 형성을 위해 필요하다. 효과적인 코칭을 위해서는 라포 형성이 무엇보다 중요하다. 특히 닫힌 자녀의 마음을 열 수 있는 것도 이런 라포 형성과 유지가 큰 역할을 한다. 가볍게 시도할 수 있는 건 자녀의 감정이나 호흡을 캐치하는 것이다. 밖에서 헐레벌떡 뛰어 들어온 자녀가 엄마에게 "엄마! 나 오는 길에 OO 봤어"라고 한다. 이때 엄마가 "그래서?" 혹은 "그런데?"라고 한다면 라포 형성에 어긋나게 될 확률이 높다. 자녀가 어떤 감정인지 파악하고 비슷한 뉘앙스로 "그래? OO를 봤어?"라고 한다면 자녀가 이어서 뭔가 이야기를 꺼내기 편하게 된다.

4. 인정과 축하, 지지와 지원, 격려는 기본 태도로 드러나야 한다.

동양인은 서양인들에 비해 적극적 표현에 익숙하지 않다. 내가 둘째 아이를 임신했을 때 친정 부모님께 그 소식을 전했을 때도 어머니는 "정말이니?"라고 한마디를 했을 뿐이었다. 아버지는 걱정과 우려를 우선하셨다. 물론 평생을 지켜본 우리 부모님의 표현으로는 정말 기쁘신 표현이셨다. 하지만 객관적으로 그 모습을 바라본다면 표현이 부족한 건 사실이다. 우리는 이런 긍정적 표현에 익숙해지도록 연습해야 한다. 자녀에 대한 인정과 축하, 지지와 격려의 자연스러운 일상적 표현은 자녀의 자존감 향상과 함께 자신감을 더할 수 있는 가장 효과적인 묘책임을 잊지 말자. 과하다 싶을 정도로 시시때때로 표현하자. 이는 혹시나 자녀를 훈육해야 하는 상황에서도 자녀가 부모의 말을 잘 수용할 수 있는 백신과 같은 역할을 할 것이다.

5. 질문은 간결하게 전달한다.

강력한 질문은 자녀의 통찰력을 깨우고, 사고와 관점의 전환, 아이디어 발굴 등 가능성을 여는 중요한 역할을 한다. 중요한 역할만큼 질문을 만들어 내는 건 생각보다 쉽지 않다. 그러다 보니 질문을 장황하게 늘어놓는 경우가 있다. 특히 엄마의 생각을 길게 설명한 후 마지막에 질문을 던지게 되는 경우가 한 가지 예다. 이렇게 되면 자녀는 이미 엄마의 생각이나 입장을 먼저 기억하게 됨으로써 자신이 생각할 폭이 좁아지고 선택이나 결정에 있어서도 결국 엄마가 원하는 방향으로 내리기 쉽다. 결코 이것은 코칭 대화라 할 수 없다.

6. 가능한 풍부한 대안 탐색을 만들어 내고, 자녀가 단 한 가지를 선택해 실행에 집중할 수 있게 한다.

코칭 대화는 철저하게 프로세스대로 진행되는 대화다. 충분한 라포 형성 후 목표를 설정하고 현실과 목표의 차이를 인식한 후 그에 적합한 대안을 찾아낸 다음 실행 계획을 세우고 그에 대한 약속과 책임을 다하는 과정이다. 그중 대안 탐색은 가능한 한 풍부하게 만들어 내고 그중 실행 가능한 한 가지에 집중함으로써 실행할 수 있는 가능성을 높여야 한다. 그래야 설령 목표에 도달하지 못하게 될 경우에도 또 다른 대안을 통해 도전할 수 있게 된다.

7. 실행에 대한 점검을 꼭 부모가 확인할 수 있게 해야 한다.

코칭은 목적이 있는 대화다. 자녀가 스스로 달성할 수 있는 실행 계획을 세웠다면 실행한 결과를 확인할 수 있게 공동 합의를 한다. 만약 자녀가 친구와 오랜 냉전 기간을 깨고 싶은 마음으로 엄마와 대화를 시도했고, 이번 주 안에 친구와 화해할 방법(대안)을 만들어 냈다고 치자. 그리고 그 대안을 실행할 계획도 착안했다. 그렇다면 자녀가 그 친구와 화해했다는 것을 엄마가 어떻게 알 수 있을까? 그 역시 자녀가 결정할 수 있도록 한다.

엄마: 우리 이든이가 지윤이랑 화해했다는 걸 엄마가 어떻게 알 수 있을까?

이든: 음, 내가 주말에 우리 집으로 놀러 오라고 할까? 아니면…… 내가 휴대 전화로 같이 사진 찍어 올게.

이처럼 실행에 대해 확인할 방법을 찾다 보면 의무감과 약속이 생기고 이를 통해 의지를 다질 수 있다.

8. 코칭 대화는 일정 시간을 넘기지 않도록 사전에 자녀와 합의하도록 한다.

스팟 코칭이야 일상에서 일어날 수 있는 짧은 대화이지만 자녀가 고학년이 되어 프로세스를 갖춘 코칭 대화를 하게 되면 시간이 길어질 수밖에 없다. 그렇다고 시간 약속 없는 대화를 하게 되면 잔소리나 절차를 무시한 논쟁으로 이어지기도 한다. 그래서 사전에 30분에서 한 시간 등 미리 시간을 정해 놓고 대화를 시작하도록 한다. 만약 그 시간에 대화가 끝나지 않는다면 합의하여 다음 대화 시간을 정한 후 그날의 대화를 정리한다.

9. 평상시 자녀와 긍정적 관계를 형성하는 것이 중요하다.

코칭 대화를 위해서는 긍정적 관계를 통한 코칭 문화 형성이 중요하다. 교육생 중에는 가끔 코칭 강의를 몇 회 듣고 나서 자녀에게 곧

바로 코칭 대화를 시도하다 낭패를 본 경우도 있다. 엄마 생각에는 당장이라도 적용해 보고 싶은 마음에 하교하는 아이를 붙잡고 강의 들은 내용을 되짚어 가며 시도했던 것이다. 하지만 돌아오는 반응은 "왜 이래, 또……", "뭐야, 무슨 교육받고 온 거야?", "됐어, 갑자기 왜 그래?" 등의 싸늘한 반응이었다. 코칭의 효과를 제대로 누리고 싶다면 자녀와 긍정적 관계 회복이 우선되어야 한다.

10. 코치의 역할이 아닌 다른 역할로 빠져들지 않도록 한다.

우리 사회는 여전히 유교 사상이 깊어 부모의 역할에 대한 것을 강조하고 수직적 관계에 익숙해져 있다. 그러다 보니 코칭에서 추구하는 동반자 역할, 수평적 대화라는 인식을 깨고 또다시 부모로서 어른으로서 가르치는 역할을 하게 되는 경우가 있다. 이런 경우 처음 시도는 긍정적이었겠지만 자녀의 마음속 한마디는 '결국'이란 아쉬움으로 끝나게 될지 모른다. 그날 그 대화가 엄마가 원하는 방향으로 가지 않았거나 이렇다 할 결과가 나지 않았다고 해도 끝까지 동반자이자 수평적 관계로서 자녀와 대화한 자체에 큰 점수를 줄 수 있어야 한다.

11. 자녀의 마음이 열릴 때까지 조급해하지 않는다.

자녀의 유형에 따라 쉽게 자기 마음을 털어놓는 유형이 있는 반면 이야기를 꺼내기 어려워하거나 망설이는 유형도 있다. 엄마가 답답한 나머지 자녀를 재촉하거나 다급한 모습을 보이게 되면 자녀의 마음은 오히려 꽉 닫히고 만다. 그리고 억지로 말을 꺼낸다고 한들 100퍼센트 진심이 아닐지도 모른다. 아이가 마음의 문을 열기 힘들어 한다면 시간을 준다거나 자녀의 입장을 물어라. 예를 들어 "○○야! 지금 엄마한테 말하기 좀 어려운 것 같은데(혹은 생각할 시간이 좀 필요한 것 같은데) 언제쯤 다시 얘기해 볼까?"처럼 당장이 아니더라도 괜찮으니 아이의 시간에 맞춰 주는 여유를 보여 주는 것이 필요하다. 특히 신중형의 자녀는 자기의 생각이 정리되어야 표현하는 스타일이므로 그것을 존중해 줄 필요가 있다. 또 안정형의 자녀는 우물쭈물하는 경우가 많은데 강하게 재촉하면 두려움을 느끼게 된다.

12. 자녀의 생각이 엄마와 다르더라도 비판하지 않는다.

자녀뿐 아니라 살다 보면 나와 서로 다른 생각을 가지고 있는 상대를 많이 만나게 된다. 분명 내 생각이 옳고, 효과적임을 확신하지만 상대방의 의견을 듣고 있자니 답답하기도 하고 안타깝기도 할 때가 있다. 그럴 때 우리는 보통 "그건 아니지", "내 말 좀 들어봐" 등으로 상대 입장이나 의견을 부정하고 자신의 생각을 관철시키려 한다. 그런 상황을 떠올려 보자. 결과가 어땠나? 아마 서로 만족하는 대화로 마무리되지 못했을 것이다. 만약 내 의견대로 되었다고 해도 상대방 감정은 긍정적이지 못할 수 있다. 자녀와 대화는 더할 것이다. 이미 많은 경험과 시행착오를 겪어 성인이 된 엄마와 자녀가 어찌 같을 수 있겠는가? 그렇다고 자녀의 생각을 비판하거나 부정하는 순간 자녀는 마음과 생각의 문을 닫고 만다. 자녀와는 100미터 달리기가 아닌 42.195킬로미터의 마라톤을 함께 뛴다고 생각하고 긴 호흡으로 달려야 한다.

13. 자녀의 문제를 직접 해결해 주지 않는다.

본문에서도 나왔듯이 대한민국 엄마들은 자녀의 문제를 직접 해결해 주는 해결사들이다. 그로 인해 문제가 되는 것은 앞에서도 언급했다. 자녀가 문제 앞에서 쩔쩔매고 당황해하더라도 조금 느긋하게 믿고 기다려 주는 연습을 해야 한다.

우리 아이는 만 2세 때 만화 캐릭터 퍼즐을 맞추기 시작했다. 보고 있자면 도와주고 싶은 마음이 굴뚝같이 앞선다. 퍼즐 한 조각을 들고 한참을 이리저리 맞추다 보면 우연히 그 위치에 딱 들어맞게 되는 경우가 있다. 시간이 걸리더라도 하나씩 맞출 때마다 환호와 지지, 격려로 믿어 주니 지금은 새로 접하는 퍼즐도 너무 쉽게 척척 맞춘다.

엄마의 속도에 맞추지 말고 아이의 속도에 맞춰 기다려 주자. 엄마는 따뜻한 시선과 미소면 충분하다.

14. 부모가 자녀의 코칭 주제(이슈)를 가볍게 여기지 않는다.

아이가 어렵게 고민을 털어놓는다. 그런데 듣고 보니 대수롭지 않은 내용이다. 나도 모르게 "아이고, 별것도 아닌 걸 가지고 그렇게 고민했어?", "그게 그렇게 중요한 문제니?" 하며 자녀의 이슈를 가볍게 여기는 경우가 있다. 물론 엄마의 마음으로는 '별일 아니니 걱정하지 마'라는 이면적 의미가 담겨 있을지 모르지만 아이가 엄마의 이면적 의미까지 헤아리기는 쉽지 않다. 또 내향적인 아이라면 어렵게 꺼낸 말인데 상대방이 가볍게 생각한다고 느껴 부끄럽고 수치심까지 느낄 수 있다. 그다음 상황은 아마 말하지 않아도 예상될 것이다.

15. 자녀의 이야기를 적극적으로 경청하는 모습을 보인다.

우리는 경청에 익숙하지 않다. 경청을 잘하는 것만으로도 갈등을 줄일 수 있다. 그렇기 때문에 의식적인 노력이 필요하다. 자녀의 이야기를 잘 경청해 주는 것만으로도 자녀가 엄마와 편안한 대화를 했다고 느끼게 할 수 있다. 만약 드라마의 클라이맥스 장면을 보고 있는 중에 자녀가 어떤 이야기를 하고자 한다. 어떻겠는가? 드라마에 흠뻑 빠진 상황이라면 아마 아이 이야기가 안 들릴지도 모른다. 혹은 "시끄러" 하며 짜증을 내기도 할 것이다. 드라마가 다 끝난 후 자녀에게 다가가 "○○야, 아까 엄마한테 하려던 얘기가 뭐지?"라고 했을 때 아이가 시원하게 다시 이야기를 시작할 확률은 낮다. 대부분 "아니야, 됐어" 하며 말문을 닫아 버린다. 아이가 진지한 이야기를 시도할 때 만약 듣기 어려운 상황이라면 정중히 "엄마가 이것만 끝내고 들어도 될까?" 하며 아이의 동의를 구하거나 중요한 상황이 아니라면 하던 일을 멈추고 온몸으로 자녀의 이야기에 귀 기울일 수 있도록 하자.

16. 자녀의 실행 계획이 잘되지 않았을 때 부정적 태도를 보이지 않는다.

코칭 대화를 지속적으로 할 수 있는 환경을 만들기 위해서는 실행 계획이 실패로 돌아갔을 때 지혜롭게 대처하는 게 아주 중요하다. 만약 자녀가 어떠한 실행 계획을 세우고 실천해 나가는 과정에서 엄마의 관점에서 잘 실행하고 있지 않다는 생각이 들 때가 있다. 또 그 과정이 결국 결과로 나타나 코칭의 힘을 발휘하지 못하고 원점으로 돌아오게 될 수도 있다. 그런데 이때 솔직하게 "너 그럴 줄 알았어. 내가 널 믿은 게 잘못이지. 아이고, 그런 식으로 하는데 뭐가 되겠니?" 하며 하소연과 질책을 늘어놓았다고 하자. 이 경우에는 아마 자녀와 엄마 둘 다 다시는 코칭 대화를 시도하기 어려울 것이다. 만약 실행 계획이 잘되지 않았다고 해도 평정심을 잃지 말고 다시 대화를 통해 개선할 수 있거나 실패하지 않을 수 있는 자녀 중심의 대안을 찾아내어 꾸준히 시도하는 노력이 필요하다. 태도와 습관은 처음 형성이 어렵지 한번 형성되면 오랫동안 유지할 수 있음을 잊지 말고 자녀의 올바른 태도와 습관을 위해 엄마의 인내심을 기를 수 있도록 하자.

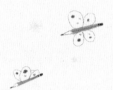